特高压工程施工常见问题及预控措施

国网山东省电力公司　组编

中国电力出版社
CHINA ELECTRIC POWER PRESS

通过总结近年来特高压工程施工实践经验，在广泛调研施工质量问题的基础上，结合相关规程、规定，梳理、分析常见质量问题并提出相应的预防控制措施，国网山东省电力公司组织编写《特高压工程施工常见问题及预控措施》丛书。

本书为《特高压工程施工常见问题及预控措施　交流分册》，包括4章，分别为土建工程、电气安装、线路工程和大件运输。每一个施工要点分为常见问题和预控措施两部分，采用大量的实物照片等形式生动直观地介绍了特高压工程施工过程中常见的质量通病问题和标准工艺要求。

本书可供特高压工程施工过程中的管理、规划设计、工程技术人员使用，也可为业主、监理、施工单位在特高压工程施工过程中提供参考。

图书在版编目（CIP）数据

特高压工程施工常见问题及预控措施. 交流分册 / 国网山东省电
力公司组编. —北京：中国电力出版社，2019.6
ISBN 978-7-5198-3013-7

Ⅰ. ①特…　Ⅱ. ①国…　Ⅲ. ①特高压输电–输电线路–工程施工
Ⅳ. ①TM723

中国版本图书馆CIP数据核字（2019）第053609号

出版发行：中国电力出版社
地　　址：北京市东城区北京站西街19号
邮政编码：100005
网　　址：http://www.cepp.sgcc.com.cn
责任编辑：罗　艳（yan-luo@sgcc.com.cn，010-63412315）
责任校对：黄　蓓　朱丽芳
装帧设计：张俊霞
责任印制：石　雷

印　　刷：北京瑞禾彩色印刷有限公司
版　　次：2019年6月第一版
印　　次：2019年6月北京第一次印刷
开　　本：787毫米×1092毫米　横16开本
印　　张：5.5
字　　数：110千字
印　　数：0001—2000册
定　　价：45.00元

编 委 会

编写工作组

主　　　　编　李其莹

副　　主　　编　马诗文　程　剑　张　成　韩延峰　申永成　慕德凯

变电站土建篇编写组　马诗文　张学凯　张　廷　申永成　慕德凯　林本森　翟　乐　杨禹太
　　　　　　　　　　滕　飞　刘林田　孙　利　刘寅贵　叶　明　杨海勇

变电站电气篇编写组　程　剑　张　斌　韩延峰　林凯凯　杨　明　宗　超　胥欣欣　王　圆
　　　　　　　　　　林家兴　王　浩　王　勇　席　杰　韩军华　张　轲

线　路　篇　编　写　组　张　成　段　纲　苏仁恒　娄凤强　李　全　王承林　周传涛　肖雪峰
　　　　　　　　　　杨国军　李　佳　郝同亮　孙金科　冯金仓

大件运输篇编写组　程　剑　刘剑波　朱德敦　张　新　李　涛　宫克旭　张明文　辛忠蔚

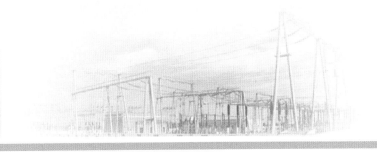

特高压是指交流 1000kV 及以上、直流±800kV 及以上的电压等级，具有输送容量大、距离远、效率高和损耗低等技术优势，对在全国范围内实现能源资源的优化配置，促进节能减排和大气污染防治，构建清洁低碳、安全高效能源体系，具有重大战略意义。

2004 年以来，国家电网有限公司联合各方力量，在特高压理论、技术、标准、装备及工程建设、运行等方面取得全面创新突破，掌握了具有自主知识产权的特高压输电技术，并将特高压技术和设备输出国外，实现了"中国创造"和"中国引领"。截至 2018 年底，我国已累计建成"十一交十一直"22 项特高压工程，国网山东省电力公司承担"五交四直"9 项工程建设，是特高压工程建设的主战场，共计建成特高压变电容量 2100 万 kVA、交流线路 1307.5km，直流落点容量 2000 万 kW、直流线路 1039.1km，特高压入鲁工程在保障电力供应、促进清洁能源发展、改善环境、提升电网安全水平，以及电网迎峰度夏等方面，发挥了重要作用。

工程建设过程中，国网山东省电力公司全面贯彻国家电网有限公司安排部署，组织工程全体参建单位，以建设"安全可靠、自主创新、经济合理、环境友好、国际一流"的优质精品工程为目标，全面强化特高压工程前期、设计、施工、验收、调试等各环节质量管控，严格落实质量通病防治和标准化工艺应用要求，积极采取前置消缺、典型化验收、关键环节"五方见证"等质量管控措施，工程实体质量显著提升。

为进一步总结特高压工程建设经验，帮助促进特高压工程建设质量提升，针对特高压工程常见质量问题进行梳理分析，提出相应的预防控制措施，编写《特高压工程施工常见问题及预控措施》丛书。本分册为《特高压工程施工常见问题及预控措施　交流分册》，包括土建工程、电气安装、线路工程、大件运输4章，对特高压交流工程施工常见问题进行了针对性分析说明，提出预控措施，图文并茂，内容翔实，供从事特高压直流工程建设管理、工程设计、施工安装等工作的专业技术人员参考使用。

本书由国网山东省电力公司建设部组织，山东诚信工程建设监理有限公司、山东送变电工程有限公司、山东联诚电力工程有限公司、天津电力建设有限公司、中创物流有限公司积极参与，收到了良好的效果，在此一并致谢。

由于编写人员水平所限，加之编写时间仓促，书中难免存在不妥之处，敬请各位领导、专家、同仁给予批评指正，提出宝贵意见和建议，在此表示衷心感谢！

编　者

2019 年 6 月

目 录

前言

第 **1** 章

土 建 工 程

1.1 地基施工

特高压变电站桩基施工主要采用钻孔灌注桩，地基强夯采用重锤夯实。因此，此处主要阐述钻孔灌注桩、重锤夯实施工过程中常见问题及预控措施。

1.1.1 桩基施工

1.1.1.1 常见问题

（1）护筒冒水（见图 1-1）。护筒主要有防止孔壁坍塌、隔离地表水、保护孔口地面、固定桩孔位置和钻头导向等作用，一旦护筒冒水，处理不及时，会导致护筒倾斜、位移及周围地面下沉等危险现象。

（2）塌孔、埋钻。塌孔、埋钻是极容易出现的危险事故。一般在钻进过程中，如发现排出的泥浆中不断出现气泡，或泥浆突然漏失，则表示有孔壁坍陷的迹象。

图 1-1 钻孔过程出现的护筒冒水

（3）缩颈，即钻孔直径小于设计孔径。缩颈是钻孔灌注桩施工过程中最常见的质量问题。

（4）成孔倾斜（见图 1-2）。桩孔出现较大垂直偏差或弯曲。

（5）桩底沉渣量过多。如果沉渣量过多，会造成受荷时发生大幅度沉降。

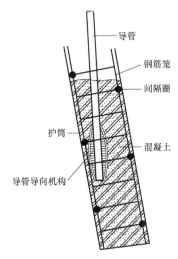

图 1-2 成孔倾斜

导管
钢筋笼
间隔圈
护筒
混凝土
导管导向机构

1.1.1.2 预控措施

（1）护筒冒水。

1）要选择坚固耐用的护筒。

2）护筒的埋设要深浅得宜，四周土要分层夯实，土质一般选择含水量适当的黏土。

3）钻头起落时，容易碰撞护筒，造成漏水，因此钻孔时钻头必须对好中线、保持垂直度，并压好护筒。

4）钻孔中遇有透水性强或地下水流动的地层，也容易导致护筒冒水。遇此情况，可增加护筒沉埋深度，采取加大泥浆比重，倒入黏土慢速转动等措施。用冲击法钻孔时，还可填入片石、碎

卵石土，反复冲击增强护壁。

（2）塌孔、埋钻。

1）做好泥浆制备工作。

2）土质松散、护筒周围未用黏土紧密填封、护筒内水位不高、钻进速度过快、空钻时间及成孔后待灌时间过长都会引起孔壁坍陷。因此，在松散易坍的土层中，要适当埋深护筒，用黏土密实填封护筒四周，使用优质的泥浆，提高泥浆的比重和黏度，保持护筒内泥浆水位高于地下水位。

3）当遇到小溶洞或裂缝时，可能发生孔内泥浆均匀缓慢下降的现象。这时，可在泥浆中加适量水泥，增大泥浆比重，加强护壁效果。

（3）缩颈。

1）缩颈的主要原因是桩周土体在桩体浇筑过程中产生的膨胀。针对这种情况，应选用优质泥浆，降低失水量。

2）当软土层受地下水影响和周边车辆振动时，也容易发生缩颈。这时，可在软塑土地层选用失水率小的优质泥浆护壁，从而降低失水量。

3）因钻锤磨损原因造成的缩颈，应及时焊补钻锤，或在其外侧焊接一定数量的合金刀片，在钻进或起钻时起到扫孔作用。

（4）成孔倾斜。

1）施工现场地面软弱、软硬不均匀或在支架上钻孔时，支架的承载力不足，发生不均匀沉降，导致钻杆不垂直，造成成孔

偏斜。为避免上述问题发生，施工场地必须夯实平整，轨道及枕木应均匀着地，支架的承载力应满足要求。在发生不均匀沉降时，必须随时停止进行调整。

2）未做好钻机安装工作，是造成成孔偏斜的重要隐患。因此要求安装地基稳固。钻机就位时，应使转盘，底座水平，使天轮的轮缘、钻杆的卡盘和护筒的中心在同一垂直线上，并在钻进过程中防止位移。在不均匀地层中钻孔时，应采用自重大、钻杆刚度大的钻机。

3）遇到土层呈斜状分布或土层中夹有孤石或其他硬物等情形。钻速要加慢挡。另外，安装导正装置也是防止孔斜的简单有效的方法。

（5）桩底沉渣量过多。

1）检查不够认真，清孔不干净或未进行二次清孔，是造成桩底沉渣量过多的首要原因。清孔的主要目的是清除孔底沉渣，而孔底沉渣则是影响灌注桩承载能力的主要因素之一。灌注桩成孔至设计标高，应充分利用钻杆在原位进行第一次清孔，直到孔口返浆比重保持在 1.10～1.20，测得孔底沉渣厚度小于 50mm，即抓紧吊放钢筋笼和沉放混凝土导管。由于孔内原土泥浆在吊放钢筋笼和沉放导管这段时间内使处于悬浮状态的沉渣再次沉到桩孔底部而成为永久性沉渣，进而影响桩基工程的质量。因此，必须在混凝土灌注前利用导管进行第二次清孔。

2）泥浆比重过小或泥浆注入量不足而难以将沉渣浮起，

从而造成桩底沉渣量过多。这就要求在成孔后，钻头提高孔底 10～15cm，保持慢速空转，维持循环清孔时间不少于 30min。采用性能较好的泥浆，控制泥浆的比重和黏度，不要用清水进行置换。

3）钢筋笼吊放过程中，未对准孔位而碰撞孔壁使泥土塌落桩底，造成桩底沉渣。因此，在钢筋笼吊放时，要使钢筋笼的中心与桩中心保持一致，避免碰撞孔壁（见图1-3）。可采用钢筋笼冷压接头工艺加快对接钢筋笼速度，减少空孔时间，从而减少沉渣。

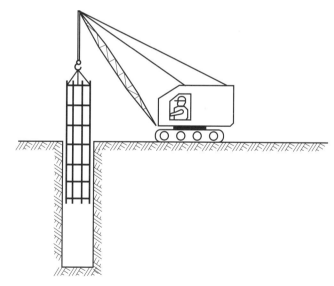

图1-3 吊放时，要使钢筋笼的中心与桩中心保持一致

1.1.2 地基强夯

1.1.2.1 常见问题

（1）夯实过程中无法达到试夯时确定的最少夯击遍数和总下沉量，夯击不密实。

（2）强夯后，实际加固深度局部或大部分未达到基础要求的影响深度，加固后的地基强度未达到设计要求。

（3）不按规定进行承载力检验。

1.1.2.2 预控措施

（1）在饱和淤泥、淤泥质土及含水量过大的土层上强夯，宜铺设厚度为 0.5～2.0m 的砂石后，再进行强夯；或适当降低夯击能量，再或采用人工降低地下水位后再强夯。

（2）强夯前，应探明地质情况，对存在砂卵石夹层的情况可适当提高夯击能量，遇障碍物时应先清除掉障碍物；锤重、落距、夯击遍数、锤击数、间距等强夯参数，在强夯前应通过试夯、测试确定；两遍强夯之间，应间隔一定时间，对黏土或冲积土，一般为 3 周，地质条件良好无地下水的土层，间隔时间可适当缩短。实际施工中当强夯影响深度不足时，可采取增加夯击遍数，或调节锤击功的大小，一般增大锤击功（如提高落距），可使土的密实度显著增加。

（3）承载力检验控制措施。

1）强夯处理后的地基竣工验收时，其承载力检验应采用原位测试和室内土工试验。承载力原位测试应采用现场载荷试验的方法，载荷试验检验点的数量应根据场地复杂程度和建筑物的重要性确定。对于简单场地上的一般建筑物，每个建筑地基不应少于 3 点；对于复杂场地或重要建筑地基应增加检验点数。

2）强夯置换后的地基竣工验收时，承载力检验除应采用单墩载荷试验检验外，尚应采用动力触探等有效手段查明置换墩着底情况及承载力与密度随深度的变化，对饱和粉土地基允许采用单墩复合地基载荷试验代替单墩载荷试验。强夯置换地基载荷试验和置换墩着底情况检验数量均不应少于墩点数的 1%，且不应少于 3 点。

3）强夯处理后的地基竣工验收承载力检验，应在施工结束后间隔一定时间才能进行。对于碎石土和砂土地基，其间隔时间可取 7～14d；粉土和黏性土地基可取 14～28d；强夯置换地基间隔时间可取 28d。

1.2 接地施工

接地施工作为变电站建设主要组成部分，其施工质量的好坏严重影响了整体工艺美观水平。此处主要介绍设备接地、接地主网施工过程中的常见问题及预控措施。

1.2.1 设备接地

1.2.1.1 常见问题

（1）设备本体及支架接地螺栓露丝不足或过多（见图 1-4）。

图 1－4　接地螺栓露丝不足

（2）硬母线的孔径远大于螺栓孔径。

（3）设备接地螺栓电力脂涂抹过多或过少。

（4）接地排螺栓位置不符合要求。

1.2.1.2　预控措施

（1）设备本体及支架的硬母线平置时，螺栓应由下往上穿，螺母应在上方，其余情况下，螺母应置于维护侧。螺栓长度宜露出螺母 2～3 扣。

（2）应严格控制出厂时硬母线的孔径，不应大于螺栓孔径的1mm。

（3）设备接地接触面间应保持清洁，并应均匀涂以电力复合脂。

（4）接地排螺栓位置严格按照规范（见图 1－5）。

图 1－5　接地排螺栓位置符合要求

1.2.2　接地主网

1.2.2.1　常见问题

（1）接地埋深较浅。

（2）接地底部回填土夯实不充分，土层沉降损坏接地。

（3）接地搭接长度不够，焊接不饱满，有漏焊，外观质量较差，焊痕外未防腐或防腐不到位，伸至地面的垂直部分未防腐。

（4）接地线跨越建筑物的变形缝未设置补偿器。

（5）水平接地间距较大，垂直接地体的间距较小。

1.2.2.2 预控措施

（1）一般在地表下 0.15～0.5m 处于土壤干湿交界的部位，接地导体易受腐蚀，因此当无明确规定时埋设深度不小于 0.6m。

（2）接地回填土应严格控制。

1）回填土内不应夹有石块和建筑垃圾等，外取的土壤不应有较强的腐蚀性；在回填土时应分层夯实，室外接地沟回填宜有 100～300mm 高的防沉层。

2）在山区石质地段或电阻率较高的土质区段的土沟中敷设接地极，回填不应小于 100mm 厚的净土垫层，并应用净土分层夯实回填。

（3）接地扁铁搭接长度应大于其宽度的 2 倍，焊接饱满无虚焊、漏焊，焊痕外廓防腐应超出焊痕至少 100mm，上下面应防腐到位。

（4）接地线沿建筑物水平敷设时，离地面距离宜为 250～300mm；接地线与建筑物墙壁间的间隙宜为 10～15mm；在接地线跨越建筑物伸缩缝、沉降缝处时，应设置补偿器（见图 1-6）。补偿器可用接地线本身完成弧状代替。

（5）水平接地极的间距不宜小于 5m，垂直接地极的间距不宜小于其长度的 2 倍。

1.3 混凝土施工

混凝土原材料包括普通硅酸盐水泥、混凝土外加剂、矿物掺

合料、粗骨料、细骨料及水。此处主要阐述混凝土原材料、混凝土配比、混凝土浇筑过程中的常见问题及预控措施。

图 1-6 补偿器

1.3.1 原材料检验

1.3.1.1 常见问题

（1）混凝土原材料进场时缺失质量证明文件。

（2）水泥超过有效期内，外观检查有结块。

（3）细骨料颗粒含量过少，含泥量过大。

（4）粗骨料的颗粒粒径过大。

（5）混凝土外加剂存放时间超过三个月。

（6）矿物掺合料达不到质量要求。

1.3.1.2 预控措施

（1）混凝土原材料进场时应具有质量证明文件。

（2）水泥应在有效期内使用，检查有结块应为废品，必须退回该批次水泥。

（3）细骨料宜采用中砂，其通过 0.315mm 筛孔的颗粒含量不应少于 15%。砂的颗粒级配应在 II 区，细度模数宜大于 2.5，含泥量不应大于 3.0%，泥块含量不应大于 1.0%。机制砂 $MB<$ 1.4。绝对禁止海砂进场。

（4）混凝土用的粗骨料，其最大颗粒粒径不得超过构件截面最小尺寸的 1/4，且不得超过钢筋最小净间距的 3/4。对于混凝土实心板，骨料的最大粒径不宜超过板厚的 1/3，且不得超过 40mm。

（5）混凝土外加剂存放期超过 3 个月的，使用前应进行复验，并按复验结果使用。

（6）矿物掺合料的检验

1）粉煤灰进场时，必须明确是 F 类还是 C 类。最好采购 F 类粉煤灰，并且烧失量小于 8% 的粉煤灰。这类粉煤灰经粉磨细度达到I级时，活性和效益较高。

2）矿渣粉级别需达到 S95 以上，即细度达到 400m²/kg 以上，活性指数达到 95% 以上。不得使用钢渣或掺入少量钢渣。

1.3.2 混凝土配比

1.3.2.1 常见问题

（1）混凝土配比中用水量超标，导致混凝土出现泌水离析。

（2）砂和石子中的含泥量超标，混凝土和易性差。

（3）混凝土配比中水泥过量，容易出现混凝土裂缝。

1.3.2.2 预控措施

（1）严格控制混凝土施工时的用水量。一般在实际施工中比较偏向较大的坍落度，因而不顾强度规定私自加大用水量，对水灰比缺少严格把关等因素，都会造成混凝土实际用水量大于理论的情况，导致混凝土出现泌水离析现象。

（2）对现场砂和石子实际含水量进行准确测量。防治措施：如果砂和石中含泥量超标，必须在浇筑前三天进行冲洗。同时，在施工前按要求取样以及测量砂和石的实际含水量，并且在施工配合比中从用水量中减去含水量，补回砂和石的数量，不允许冲洗和混凝土的搅拌同时进行。

（3）水泥过量经常会造成混凝土产生收缩裂缝和增大徐变，施工成本也相应增大。防治措施：试验室应遵照规范配制不同配合比，并择优选择综合考虑，同时根据施工部位与测定方法的不同进行适量调整，避免出现同强度同配合比。

1.3.3 混凝土浇筑

1.3.3.1 常见问题

（1）模板清理不净，或拆模过早，模板粘连。

（2）木模未浇水湿润，混凝土表面脱水，起粉。

（3）模板漏浆。

（4）浇筑过程中，自由倾落高度超过规定，混凝土离析、石子赶堆。

（5）一次浇捣混凝土太厚，分层不清，混凝土交接不清，振捣质量无法掌握。

（6）振捣时间不充分，气泡未排除。

1.3.3.2　预控措施

（1）模板要清理干净，拆模不宜过早或过晚，严格控制好时间。

（2）浇筑混凝土前木模板要充分湿润，钢模板要均匀涂刷隔离剂。

（3）堵严板缝，浇筑中随时处理好漏浆。

（4）混凝土下料高度超过 2m 要用串筒或溜槽（见图 1-7）。

图 1-7　混凝土下料溜槽

（5）分层下料、分层捣固、防止漏振。

（6）混凝土要振捣充分（见图 1-8）。

图 1-8　混凝土振捣

1.4　钢结构施工

钢结构加工主要包括钢构件的焊接、清理及喷漆。此处主要阐述钢结构加工、安装的常见问题及预控措施。

1.4.1　钢结构加工

1.4.1.1　常见问题

（1）焊接时焊缝质量不佳，弧坑、焊瘤较多。

（2）焊缝偏弧、咬边现象存在。

（3）起弧、收弧处多发缺陷。

（4）连接板摩擦面尚未处理。

（5）清渣、打磨不干净，清灰不彻底。

（6）油漆喷涂不均匀，流淌现象严重。

（7）底漆未干情况下喷涂面漆。

1.4.1.2　预控措施

（1）焊瘤。主要是由于焊接电流过大或焊接速度过慢引起，它的危害是焊瘤处易应力集中且影响整个焊缝的外观质量。预防措施是适当调小焊接电流，焊接时注意熔池大小，以便调整焊接电流或焊接速度。

（2）弧坑。主要是由于断弧或熄弧引起，弧坑的存在减小了焊缝截面，降低了接头的有效强度，并且弧坑处常伴有弧坑裂纹，危害较大。

（3）咬边。最大的危害是损伤了母材，使母材有效截面减小，也会引起应力集中。预防措施是焊接时调整好电流，电流不宜过大，且控制弧长，尽量用短弧焊接，运条时手要稳，焊接速度不宜太快，应使熔化的焊缝金属填满坡口边缘。

（4）起弧之前剪断焊丝端头的熔滴，为下次起弧创造良好的条件。起弧后必须调整焊枪对准位置、焊枪角度和导电嘴—母材之间的距离。将收弧转换开关置于"有收弧"处，先后两次将焊接开关按下、松开进行焊接，焊接结束时，焊枪在电弧停止4s后离开。

（5）连接板摩擦面应保持干燥、清洁，不应有飞边、毛刺、焊接飞溅物、焊疤、氧化铁皮、污垢等。

（6）焊接处应打磨干净，彻底清灰。

（7）钢结构喷漆应均匀，无流淌现象。

（8）喷面漆之前应待底漆晾干。

1.4.2　钢结构安装

1.4.2.1　常见问题

（1）锚固螺栓高低不一，柱脚平面事先未测，预埋时移位，形成柱偏位。

（2）彩钢板拼缝不密贴，收边不齐，"鼻孔"未封堵，影响对雨水的防渗漏和美观。

（3）当天安装钢结构不能形成稳固框架单元。

1.4.2.2　预控措施

（1）地脚螺栓预埋时要用经纬仪和水准仪进行测量后，保证地脚螺栓的中心位置和标高与图纸设计相符，并与土建施工队伍紧密配合，在混凝土浇筑时要派人跟踪检查，及时对地脚螺栓进行校正。

（2）彩钢板运输过程中要注意保护，减少彩钢板的变形，安装时彩钢板收边要带线收齐，安装应平整、顺直；错钻的孔洞要及时处理；连接件的数量、间距应符合设计要求和国家现行有关标准规定。

（3）钢结构安装构件时应严格按照钢结构安装施工工艺标准要求顺序进行。当天安装的钢结构构件应形成稳固的框架单元，当不能形成时，应加缆风绳固定，防止出现倒塌事故。

1.5 水溶性涂料施工

此处主要阐述水溶性涂料进场检查及施工的常见问题、预控措施。

1.5.1 原材料进场检查

1.5.1.1 常见问题

（1）涂料超过有效期。

（2）涂料出现分层、结皮、增稠、胶凝、沉底或结块等现象。

1.5.1.2 预控措施

（1）涂料进场查看质量合格证，是否在有效期内，如果超过有效期，严禁使用。

（2）检验涂料时，出现分层、结皮、增稠、胶凝、沉底或结块等现象，视为质量不合格，予以退货。

1.5.2 水溶性涂料施工

1.5.2.1 常见问题

（1）漆膜起皱或开裂（见图1-9）。

（2）漆层间附着不良。

（3）漆层发白。

（4）漆层流挂。

图1-9 漆膜起皱或开裂

1.5.2.2 预控措施

（1）漆膜起皱或开裂。问题的原因是厚涂的水性漆漆膜在高温下，漆膜表层迅速干燥成膜而厚厚的内层却干燥缓慢，在干燥过程中漆的流动产生张力差，导致最终成膜表面不平，即起皱；或直接导致底漆漆膜开裂现象。因此施工时，不要一次厚涂，应采取薄涂、多遍；同时保持室内温度15℃以上，湿度70%以下，通风良好的环境下，让漆膜正常干燥。

（2）造成漆膜层间附着力不良的直接原因是施工时，基材或涂层之间没打磨，造成附着力不好（因为水性漆是物理成膜，靠表面的摩擦力来提高附着力）；间接原因是夏季气温高，湿漆膜与干漆膜界面形成牢固层所需时间不足，使附着力受影响。因此，要求施工人员施工时，每层间要进行充分打磨，增强附着力，同时施工作业安排在早晚进行为宜，确保产品的内在质量得以体现。

（3）漆层发白。主要是施工环境湿度太大，施工过程中涂膜太厚等原因造成的。因为夏季气温高，部分地区空气湿度较大。漆层的表干时间随着气温的升高而加快，但是实干时间却较为缓慢；油漆工在施工过程中，可能忽略了实干时间，而在漆层表干之后，就立刻上另一道漆，导致底部漆层未完全实干，产生漆层发白的现象。因此要掌握好施工的间歇时间，保证要在漆层实干后，再进行下一道工序施工。

（4）漆层流挂。问题的主要原因漆液加多了水，太稀，涂刷太厚，或空气湿度太大，漆层干燥缓慢，导致流挂。因此，施工时候注意，加适量的水稀释，薄涂多遍，选择湿度低的天气施工。

1.6　设备基础施工

基础是设备的依托，基础的质量优劣和尺寸正确与否，对设备的安装质量和日后的安全经济运行都有直接的影响。基础中的预埋镀锌铁件对设备牢固支撑起重要作用。此处主要阐述对定位放线、模板安装、钢筋绑扎、基础浇筑施工过程中常见问题及预控措施。

1.6.1　定位放线

1.6.1.1　常见问题

设备基础定位不准确。

1.6.1.2　预控措施

（1）根据基础主轴线控制网的控制桩，检测各轴线控制桩位确无碰动和位移后方可使用，要明确具体使用的轴线控制桩号，防止用错。

（2）根据基槽周边上的轴线控制桩，用经纬仪向基础垫层上投测基础大角、轮廓轴线及主轴线，闭合校核无误时，再测放细部轴线。

1.6.2　钢筋绑扎

1.6.2.1　常见问题

（1）箍筋间距不按图施工绑扎。

（2）箍筋绑扎不牢固，绑扎点松脱，箍筋滑移歪斜。

（3）钢筋漏绑。

（4）钢筋机械连接接头安装后一端露丝超过 2 个丝扣（见图 1－10）。

（5）钢筋骨架歪斜变形。

（6）混凝土钢筋保护层厚度偏差超过规范要求。

1.6.2.2　预控措施

（1）根据构件配筋情况，在纵向钢筋上用粉笔画出间距点。同时严格要求工人按照操作。

（2）箍筋绑扎一般采用 20～22 号铁丝作为绑线。绑扎直径 12mm 以下钢筋宜用 22 号铁丝；绑扎直径 12～16mm 钢筋宜用

图 1-10 露丝超过 2 个丝扣

20 号铁丝。绑扎时要相邻两个箍筋采用反向绑扣形式。例如绑平板钢筋网时，除了用一面顺扣外，还应加一些十字花扣；钢筋转角处要采用兜扣并加缠；对纵向的钢筋网，除了十字花扣外，也要适当加缠。重新调整钢筋笼骨架，并将松扣处重新绑牢。

（3）松绑部分钢筋，达到条件后把未绑扎的钢筋绑扎完成。

（4）钢筋机械连接规范：

1）丝头加工长度应为套筒长度的 1/2。

2）使用扭力扳手或者管钳将两个钢筋丝头在套筒中间位置拧紧。

3）检查安装后的套筒，单边露丝不能超过 2 扣，否则应进

行调整。

（5）绑扎时将多根钢筋端部对齐；防止钢筋绑扎偏斜或骨架扭曲。将导致骨架外形尺寸不准的个别钢筋松绑，重新安装绑扎。

（6）采用同强度保护层垫块或支撑件，保证保护层厚度控制在规定范围之内（偏差不超过 2mm，见图 1-11）。

图 1-11 使用垫块保证钢筋保护层厚度

1.6.3 模板安装

1.6.3.1 常见问题

（1）模板支撑不牢固，接缝不严，产生漏浆。

（2）测量检查时，发现混凝土结构层标高或预埋件、预留孔洞的标高与施工图设计标高之间有偏差。

（3）拆模后发现基础出现鼓凸、缩颈或翘曲现象。

1.6.3.2 预控措施

（1）当模板支撑不牢固，接缝不严，产生漏浆应采取以下措施：

1）浇筑混凝土前，木模板要提前浇水湿润，使其充分吸水。

2）模板间嵌缝措施要合理（可采用双面胶纸），不能用油毡、塑料布，水泥袋等嵌缝堵漏。

（2）当标高偏差应采取如下措施：

1）每层要设足够的标高控制点，竖向模板根部需做找平。

2）模板顶部设标高标记，要经常对标高标记进行复核，严格按标记施工。

（3）出现基础变形时应采取以下措施：

1）模板应充分考虑其本身自重、施工荷载及混凝土的自重及浇捣时产生的侧向压力，以保证模板及支架有足够的承载能力、刚度和稳定性。

2）浇筑混凝土时，要均匀对称下料，严格控制浇灌高度，特别是门窗洞口模板两侧，既要保证混凝土振捣密实，又要防止过分振捣引起模板变形。

3）采用木模板、胶合板模板施工时，经验收合格后应及时浇筑混凝土，防止木模板长期暴晒雨淋发生变形。

1.6.4 基础浇筑

1.6.4.1 常见问题

（1）混凝土不对称浇筑将模挤偏。

（2）设备基础钢筋太密，混凝土骨料太粗，不易下灰，不易振捣。

（3）基础较大，混凝土一次浇筑超过 50cm，振捣时间不足 30s，气泡排不出。

1.6.4.2 预控措施

（1）浇筑混凝土时，宜对称浇筑。设备基础浇筑一般应分层浇筑，每层浇筑顺序可从低处开始，沿长边方向自一端向另一端浇筑。当混凝土供应量充足时，可多点同时浇筑。

（2）钢筋密集时粗骨料应选用适当粒径的石子，选择和易性较好的混凝土。

（3）基础较大时，应分层下料，分层振捣，防止漏振。

1）基础分层浇筑时，每层混凝土厚度应不超过 50cm；在振捣上一层时，应插入下层 5cm 左右，以消除两层之间的接缝；同时要在下层混凝土初凝之前，振捣上层混凝土。

2）每次振捣的时间为 30s 左右，并以混凝土不再显著下沉，不出现气泡，开始泛浆时停止振捣。

3）振捣时间不宜过久，太久会出现砂与水泥浆分离，石子下沉，并在混凝土表面形成砂层，影响混凝土质量。

1.7 防火墙施工

基于特高压防火墙的美观与耐久性，其施工工艺主要采用清水混凝土施工，模板采用大钢木组合模板施工。此处主要阐述防火墙施工的定位放线、模板安装、钢筋绑扎、浇筑混凝土的常见问题与预控措施。

1.7.1 定位放线

1.7.1.1 常见问题

（1）防火墙基础轴线确定不当。

（2）控制点有偏差。

1.7.1.2 预控措施

（1）用全站仪在防火墙基础每条轴线两边定出轴线控制点，作为基准控制点。根据控制点与图纸尺寸放样，并做好放线记录。

（2）控制点引测完毕后进行固定并妥善保护，确保施工过程中控制桩不被磕碰，在施工过程中要经常对控制桩进行校核，当发现移动现象要经过技术人员复核确定桩位。

1.7.2 钢筋绑扎

1.7.2.1 常见问题

（1）纵向受拉钢筋搭接长度不够。

（2）混凝土保护层的厚度不够。

（3）钢筋网片整体位移变形。

1.7.2.2 预控措施

（1）纵向受拉钢筋的绑扎搭接接头面积百分率不大于 25% 时，搭接长度内应绑扎三点，其最小搭接长度应符合 16G101-1

《混凝土结构施工图平面整体表示方法制图规则和构造详图》中钢筋绑扎搭接长度的规定。

（2）钢筋绑扎时，准备控制混凝土保护层用的垫块。

（3）四周两行钢筋交叉点应每点扎牢，中间部分交叉点可相隔交错扎牢，但必须保证受力钢筋不位移。双相主筋的钢筋网必须将全部交叉点扎牢。绑扎时应注意相邻扎点的铁丝扣要成八字形，以免网片歪斜变形（见图 1-12）。

图 1-12　钢筋绑扎

1.7.3 模板安装

1.7.3.1 常见问题

（1）钢木模板出现涨模、局部变形现象。

（2）模板根部安装存在缝隙。

（3）模板穿墙孔位置不严实。

（4）防火墙压顶模板安装顺序不对。

1.7.3.2　预控措施

（1）校正模板与安装穿墙螺栓同步进行。墙的宽度尺寸偏差控制在±2 mm。每层模板立面垂直度偏差控制在±2 mm范围内。穿墙螺栓安装必须紧固牢靠，用力得当，防止出现松动而造成涨模，不得使模板表面产生局部变形，不得漏装穿墙螺栓。

（2）模板安装完后，根部存在缝隙处，需填塞水泥砂浆但不能进入墙体内，防止因漏浆而发生墙体烂根、露筋、蜂窝麻面现象。

（3）穿墙栓两侧设置塑料锥形头，形成封闭通道，防止模板穿墙孔位置漏浆，影响表面光感（见图1-13）。

图1-13　模板穿墙栓位置局部放大图

（4）防火墙压顶模板安装

1）首先在第三层模板顶部边框上平面处（含两侧端模板上边框）粘贴密封胶条。

2）安装压顶下部模板。

a. 顺次安装压顶侧模板下，与下侧三层模板顶部边框相对应，调整合格后，用M16×40mm全扣螺栓杆固定安装压顶下侧模板上；在压顶侧模板下面板背侧粘密封条，胶条上边与面板上边平齐（必须加此密封条，见图1-14）。

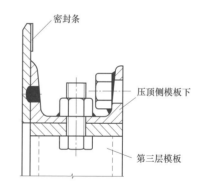

图1-14　压顶侧模板下面板背侧粘密封条

b. 安装两侧压顶端板下模板，调整合格后，用M16×40mm全扣螺栓杆固定安装压顶下侧模板上；在压顶端模板下面板背侧粘密封条，胶条上边与面板上边平齐（必须加此密封条）。

3）安装压顶上部模板。

a. 将丁字板与压顶侧模板上连接成一体，一节压顶侧模上安装四件丁字板（丁字板长边侧与压顶侧模上接合紧密），用 M16 螺母将丁字板与压顶侧模上连接牢固；顺次将压顶侧模板上，通过丁字板安装在压顶侧模下上，用 M16×40mm 全扣螺栓杆初定位压顶侧模上，测量压顶侧模板底板上平面距三层模板上边框距离为 79mm，且顺向平齐，使压顶模板上的底部上平面高出压顶侧模下的立面板 4mm（必须保证），这样才能便于压顶模板下顺利拆模。用 M12×30mm 全扣螺栓组将侧边连成一体（侧边框之间加密封条处理）。

b. 将丁字板与压顶端模上连接成一体，一件压顶端模上安装两件丁字板（丁字板长边与压顶端模上接合竖密），用 M16 螺母将丁字板与压顶端模上连接牢固；通过丁字板将端模板上安装在压顶端模板下相对应部位，用 M16×40mm 全扣螺栓组初定位压顶端模上，测量压顶侧模板底板上平面距三层模板上边框距离为 79mm，且顺向平齐，使压顶模板上的底部上平面高出压顶侧模下的立面板 4mm（必须保证），这样才能便于压顶侧模板下顺利拆模，用 M12×30mm 全扣螺栓组将侧边连成一体（侧边框之间加密封条处理）。

4）调整压顶全部模板，检验合格；涂脱模剂后备用。

1.7.4 浇筑混凝土

1.7.4.1 常见问题

（1）防火墙混凝土没有连续浇筑。

（2）混凝土振捣时间不够。

（3）混凝土层间接缝问题。

（4）防火墙混凝土裂纹、色差。

1.7.4.2 预控措施

（1）浇筑前根部应先浇筑约 100mm 与混凝土同配比的砂浆；为保证根部振捣密实，需增加根部检查控制。混凝土必须连续浇筑，施工缝需留设在明缝处，避免因产生施工冷缝而影响混凝土的观感质量。

（2）掌握好混凝土振捣时间，以混凝土表面呈现均匀的水泥浆、不再有显著下沉和大量气泡上冒时为止。为减少混凝土表面气泡，宜采用二次振捣工艺，第一次在混凝土浇筑入模振捣，第二次在第二层混凝土浇筑前再进行，顶层混凝土一般在 0.5h 后进行二次振捣。严格控制三次浇筑混凝土的水灰比，防止产生严重的色差。混凝土需经充分振捣，达到释放模板与混凝土接触表面淤积的气泡，避免出现蜂窝、麻面，影响混凝土表面观感。

（3）混凝土层间接缝位置严格控制，浇筑混凝土时按模板上边框抹平处理，防止混凝土浇筑后出现明缝不直的现象。

（4）应有效控制原材料，可以在拌和物中掺加一些沸石粉来降低水泥用量从而降低水化热，严格控制水温，骨料要占 75% 左右。防火墙混凝土拆模后，立即清理混凝土表面，然后覆盖塑料薄膜，然后采用喷淋养护法对防火墙混凝土自上而下进行喷水养护。

1.8 道路散水及场地地面施工

此处主要阐述道路散水及场地地面施工的定位放线、模板安装、钢筋绑扎、浇筑混凝土、沥青路面施工过程中的常见问题与预控措施。

1.8.1 定位放线

1.8.1.1 常见问题

（1）道路散水及场地地基内未将杂物清理干净。

（2）地基未按规范夯实。

（3）道路定位不准。

1.8.1.2 预控措施

（1）道路散水及场地地基内垃圾等杂物需清理干净，否则时间一长回填土下沉，引起道路散水裂缝。

（2）地基应分层夯实，超厚回填、倾斜碾压、填土不符合要求，均会造成回填土达不到标准要求的密实度，从而导致路基和路面沉陷。

（3）道路定位放线应按根据控制桩定出轴线控制点。

1.8.2 模板安装

1.8.2.1 常见问题

（1）模板不平直。

（2）侧模有偏移。

1.8.2.2 预控措施

（1）通过水准仪控制模板的平直，使其高度一致。

（2）安装模板前应挂通线，按挂线位置把侧模板放在基层上，初步固定其位置，用水准仪检查模板顶部标高是否符合设计要求，并检查模板是否平直，待侧模顶标高达到设计要求后使用钢筋钉入地面下使槽钢固定，从而达到严格控制侧模标高的要求。

1.8.3 钢筋绑扎

1.8.3.1 常见问题

钢筋变形、位移。

1.8.3.2 预控措施

绑扎时将多根钢筋端部对齐，防止钢筋绑扎偏斜或骨架扭曲。将导致骨架外形尺寸不准的个别钢筋松绑，重新安装绑扎。

1.8.4 浇筑混凝土

1.8.4.1 常见问题

（1）水泥的安定性不稳定，混凝土在搅拌过程中水灰比过大，降低了表面强度，施工完毕一经使用，则受到磨损易起砂。

（2）在施工过程中，收抹压光时间过早或过迟，人为在混凝土表面洒干水泥或水，养护不及时或路面未达到足够的强度就施加各种荷载等引起表皮开裂或脱皮。

（3）砂、石、水泥计量错误或加水量不准、混凝土搅拌时间短，灰料拌和不均匀，石子集中，水泥浆振捣不均匀。

（4）未按操作规程浇筑混凝土，下料高度不当，漏振或振捣不密实，混凝土中的气泡未及时排除。

（5）混凝土面层产生的裂缝主要有干缩裂缝和施工缝留置不当引起的裂缝。

1.8.4.2　预控措施

（1）严格控制水灰比，掌握好面层的抹压光时间，严禁在混凝土表面洒干水泥或水。保证施工现场有一定的水泥存量，以确保水泥安定性的稳定。

（2）模板面清理干净，脱模剂涂刷均匀，不得漏刷。混凝土必须按操作规程浇筑，严防漏振，并应振至气泡排除为止。

（3）严格控制混凝土中的水泥用量，水灰比和砂率不能过大，控制砂石含量，混凝土振捣密实，及时对板面进行抹压。

（4）选用水化热小和收缩性小的水泥，尽量选择温度较低的时间浇筑混凝土，避免炎热天气浇筑大面积混凝土，按规范规定正确留置施工缝。

（5）加强混凝土早期养护并适当延长养护时间，覆盖毛毡，避免暴晒，定期洒水，保持湿润。

1.8.5　沥青路面

1.8.5.1　常见问题

（1）路表积聚沥青，沥青路面出现泛油。

（2）行车重复荷载作用下的补充压实，沥青路面出现车辙。

（3）雨水由沥青路面的裂缝或较大空隙处渗入基层表面，沥青路面出现坑槽。

1.8.5.2　预控措施

（1）应当科学设计混合料配合比，严格控制沥青用量，以避免泛油现象的出现。

应进行精细化施工，严抓施工质量；重视沥青路面的养护工作，避免大量雨水渗入路面。

（2）严格控制沥青混合料的配比工作，提升混合料的抗车辙能力；尽可能的选用性能稳定的沥青胶结材料；选择优质的矿料，加大沥青混合料的抗变形能力；如果车辙长度低于 30m，深度不超过 8mm，则在车辙处加入适当的新料并进行压实即可；如果沥青面层发生横向推移，则应将不稳定层清理干净并用铣刨机拉毛，最后重新铺设面层。

（3）常用的路面坑槽修补方法主要有热补法和冷补法两种。热补法即以坑槽修补范围为依据，来确定热辐射加热板的范围，并对加热板加热 3～5min，让修补区域路面软化，随后将准备好的热料加入到被修补处，并进行搅拌摊平，最后进行碾压压实。

冷补法则是先对坑槽深度进行测量，明确修补范围，将槽壁、槽底杂物清理干净后采用喷灯来将其烘干，并均匀涂抹上一层黏层油。最后，将热料加入坑槽当中。

1.9 变形缝施工

变形缝施工主要有填塞沥青麻丝和耐候硅酮胶勾缝两种，目前主要用耐候硅酮胶勾缝施工。此处主要阐述填塞沥青麻丝、耐候硅酮胶勾缝施工过程中的常见问题和预控措施。

1.9.1 填塞沥青麻丝

1.9.1.1 常见问题

变形缝清理不干净，未干燥。

1.9.1.2 预控措施

变形缝清理、干燥；填油麻丝；洒滑石粉（特别是变形缝两边）；融化沥青浇灌；固化冷却后铲除多余沥青。

1.9.2 耐候硅酮胶勾缝

1.9.2.1 常见问题

（1）变形缝内有水、油渍、铁锈、水泥砂浆、灰尘等杂物。

（2）注胶过程中胶缝不平。

（3）耐候硅酮胶污染表面。

（4）较深的变形缝未填塞发泡材料。

1.9.2.2 预控措施

（1）耐候硅酮密封胶的施工必须严格按工艺规范执行，施工前应对施工区域进行清洁，应保证缝内无水、油渍、铁锈、水泥砂浆、灰尘等杂物。可采用甲苯或甲基二乙酮作清洁剂。

（2）耐候硅酮密封胶的施工厚度应大于 3.5mm，施工宽度不应小于施工厚度的 2 倍。注胶后应将胶缝表面刮平，去掉多余的密封胶。

（3）为保护表面不被污染，应在可能导致污染的部位贴纸基胶带，填完胶刮平后立即将纸基胶带除去。

1.10 地下管网施工

此处主要阐述原材料进场验收、地下管网施工、通水试验或打压过程中常见问题和预控措施。

1.10.1 原材料进场验收

1.10.1.1 常见问题

（1）管道、阀门材料质量证明书缺失。

（2）管道未做防腐处理。

1.10.1.2 预控措施

（1）所有进场材料必须要有材料质量证明书，必要时需取样进行检验，不合格的材料不准用于工程中。

（2）除锈完成的管道应立即防腐，以防再次锈蚀，保证在除锈后 8h 完成。刷油前表面应无油污及灰尘等并且表面必须保持干燥。防腐需按照涂底胶、缠绕冷缠带、涂面胶的步骤进行，且防腐层总厚度不小于 0.6mm。施工中要涂胶均匀饱满，缠绕冷缠带要拉紧，表面平整、无褶皱和空鼓（见图 1-15）。

图 1-15　管道防腐

1.10.2　地下管网施工

1.10.2.1　常见问题

（1）所有沟槽开挖完毕，未经验槽进行施工。

（2）管道焊接工艺缺陷。

（3）检查井、阀门井、水表井灰浆不均匀。

（4）管道走向坡度不合格。

1.10.2.2　预控措施

（1）所有沟槽开挖完毕，必须经验槽合格才能进行隐蔽施工。

（2）管道焊接时，焊缝不得有裂纹、烧穿、焊瘤和焊渣、气孔等缺陷。

（3）检查井、阀门井、水表井等必须保证灰浆饱满，灰缝平整，抹平压光，不得有裂缝等现象。

（4）管道的走向坡度必须符合设计图纸要求。

1.10.3　通水试验或打压

1.10.3.1　常见问题

（1）所有阀门、消防栓等安装前未做试水、试压试验。

（2）管道灌水顺序错误。

（3）水泵、压力计安装与管道周线不垂直。

（4）水压试验，敲打管身、接口。

（5）水压试验时间不够。

（6）饮水管道系统缺少消毒冲洗记录、水质证明的内容。

1.10.3.2　预控措施

（1）所有阀门、消防栓等安装前必须按工艺要求做试水、试压检验，合格后才能使用。

（2）管道灌水应从下游缓慢灌入。灌入时，在试验管段的上游管顶及管段中的凸起点设排气阀，将管道内的气体排除。

（3）水泵、压力计应安装在试验段下游的端部与管道轴线相垂直的支管上。

（4）水压试验时，严禁对管身、接口进行敲打或修补缺陷，遇有缺陷时，应作出标记，卸压后修补。

（5）水压升至试验压力后，保持24h，检查接口、管身无破损及漏水现象时，管道强度试验为合格。

（6）先从室外接入临时冲洗管道和加压水泵，关闭立管阀门，从管道末端泄水口接排水管道，引到室外污水井。用加压泵往管道内加压进行冲洗，水流速度1.8m/s，从排水处观察水质情况，目测排水水质与供水水质一样，无杂质，然后拆掉临时排水管道，打开各立管阀门，用加压泵往系统内加压，打开给水阀门，从支管末端放水，直至无杂质，水色透明。再以浓度20～30mg/L游离氯的水灌满整个管道，并在管内停留24h进行消毒，消毒结束后再用生活用水冲洗并取样检测，达到生活饮用水标准。

1.11　1000kV构架安装

屋外配电装置构架作为变电站建设主要的组成部分，其施工质量决定后续工序是否能顺利施工，制约工程整体进展。此处主要介绍1000kV构架安装的常见问题及预控措施。

1.11.1　常见问题

（1）镀锌层厚度不满足设计要求（见图1-16）、焊缝缝隙过大、焊渣、锌瘤、毛刺清理不干净。焊缝缝隙过大会造成构架的承载力不满足要求，焊渣、锌瘤、毛刺清理不干净，设备容易锈蚀。出厂和运输造成部分构件的弯曲度太大，不能满足现场安装要求，影响现场安装质量。

图1-16　镀锌层检验

（2）设备安装完成后，未及时进行接地或接地不良。夏季雷雨季节，构架未及时做好接地或接地不良，给现场施工带来极大安全隐患。

（3）螺栓力矩值、穿向错误。构架柱、构架梁中螺栓数量较多，各个部位螺栓的穿向及力矩值容易出现错误。

（4）地脚螺栓螺纹生锈、损坏。土建地脚螺栓预埋完成后，未及时进行防护。造成部分螺纹生锈、损坏。

1.11.2 预控措施

（1）进场检查。

1）构架各种构件进入施工现场后，组织进行进货检验（邀请运检单位共同参与）。镀锌层厚度采用镀锌层厚度检验仪按照检测点数比例进行检验，发现镀锌厚度不能满足设计要求时，应立即组织参建各方及厂家进行专题讨论，开展质量评估。如现场无法进行修复应立即返厂，尤其是零星部件，出现问题可概率较大，需要高度关注。

2）同时还要仔细检查各种构件外观质量，及时发现有无弯曲挠曲变形、焊缝、防腐涂层伤损或漏涂等质量缺陷。

3）吊装构件的钢丝绳采用软钢丝绳套进行防护，防止磨损构架镀锌层。卸下的管件放在铺有塑料布的枕木上，起吊前应保留原有的出厂包装。

（2）合理安排工序。第一段构架安装完成后，立马进行接地工作的施工。施工完成后，试验人员对接地电阻进行测试，并做好数值记录。

试验人员每周对构架的接地情况进行复验，确保接地良好。

（3）螺栓安装。

1）构架梁底、顶面螺栓穿向由下至上；侧面螺栓穿向由内往外；构架柱螺栓由内向外穿，斜向螺栓为斜向上的方向。螺栓弹平垫装配、露丝长度满足规范规定及设计要求（见图 1-17

和图 1-18）。

图 1-17　螺栓穿向

注：构架柱螺栓穿向：由内向外；对接面：由下往上。

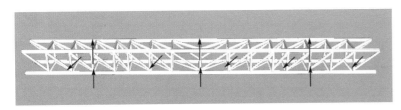

图 1-18　螺栓穿向

注：构架架底、顶面螺栓穿向由下至上；侧面螺栓穿向由内往外。

2）螺栓用力矩扳手紧固至力矩值。

3）制作螺栓紧固力矩表（见表1-1），并紧固达到要求后做相应的力矩标识。

（4）地脚螺栓安装完成后采取相关防护措施，地脚螺栓不发

生生锈及螺纹损坏情况，在安装构架前采用地膜进行包裹，防止在构架安装的时候损坏螺纹。

表 1-1　　　　螺栓紧固力矩标准（参考值）

螺栓规格	扭矩值（N·m）			螺栓规格	扭矩值（N·m）		
	4.8级	6.8级	8.8级		4.8级	6.8级	8.8级
M12	40	40	—	M27	—	—	360
M16	80	80	80	M30	—	—	440
M20	100	100	150	M48	—	—	1000
M24	250	250	280	—	—	—	—

2.1 全站防雷及接地装置安装

此处主要介绍主地网接地、支架接地、设备接地施工过程中常见问题及预控措施。

2.1.1 全站主接地网施工

2.1.1.1 常见问题

（1）接地埋深不合规范设计要求。

（2）圆钢的搭接长度以及圆钢与扁钢的搭接长度不满足规范要求。

（3）未进行双面焊。

（4）焊缝未进行防腐处理（见图 2-1）。

2.1.1.2 预控措施

（1）施工前明确交代，严格按照图纸施工。设备接地处也必须满足埋深 0.8m。

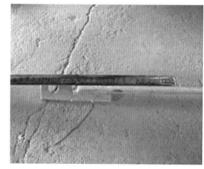

图 2-1 接地搭接不满足要求

（2）接地体（线）的焊接应采用搭接焊，其搭接长度必须符合下列规定（见图 2-2）。

圆钢为其直径的 6 倍并应双面施焊。

扁钢为其宽度的 2 倍，并应四面施焊。

圆钢与扁钢连接时，其长度为圆钢直径的 6 倍。

（3）地圆钢焊缝及焊缝两侧 100mm 范围内应做防腐处理。

图 2-2 接地搭接长度

2.1.2 独立接地体施工

2.1.2.1 常见问题

螺栓采用不规范，没有防松垫片。

2.1.2.2 预控措施

接地体的焊接应采用焊接，焊接必须牢固无虚焊。接至电气设备上的接地线，应用镀锌螺栓连接；有色金属接地线不能采用焊接时，可用螺栓连接、压接、热剂焊（放热焊接）方式连接。用螺栓连接时应设防松螺母或防松垫片。

2.1.3 接地引下线施工

2.1.3.1 常见问题

（1）接地螺栓偏长，接地螺栓未使用热镀锌。支架接地螺栓

弹簧垫、平垫安装不正确，螺栓长度不一致。未使用正确的螺栓及螺栓型号。

（2）铁塔接地引下线与接地连板焊接工艺不美观，焊缝不平整，高度不满足要求。

2.1.3.2 预控措施

（1）螺栓紧固后，螺栓外露丝扣长度不少于 2～3 扣。施工前根据现场实际情况计算出合理的螺栓，施工过程中使用相匹配螺栓。

现场施工人员加强材料到货检查验收，不接收不合格的产品。

（2）加强焊接人员技能培训，提高焊接人员引下线焊接作业的重视程度。

2.2 1000kV 主变压器系统安装

1000kV 主变压器是特高压交流变电站核心设备之一，特高压变压器型式为单相、油浸、无励磁调压自耦变压器，由主体变压器和调压补偿变压器两部分构成。此处主要介绍在 1000kV 主变压器安装过程中遇到的常见问题及预控措施。

2.2.1 主变压器本体安装

2.2.1.1 常见问题

（1）主变压器安装法兰位置渗油。本体安装法兰连接处，升

高座、套管固定点，设备出厂个别位置等薄弱位置出现渗油。

（2）本体和升高座等充气运输设备未安装显示气体压力的表计，或安装表计但表计压力值偏低，变压器制造厂家无法提供运输过程中气体压力记录。

2.2.1.2　预控措施

（1）充油（气）设备渗漏主要发生在法兰连接处。安装前应详细检查密封圈材质及法兰面平整度是否满足标准要求，螺栓紧固力矩应满足厂家说明书要求。所有法兰连接处应用耐油密封垫（圈）封好，密封垫（圈）应无扭曲、变形、裂纹、毛刺，法兰连接面应平整、清洁。

（2）现场安装部位的密封垫（圈）应更换新的，并擦拭干净，密封垫（圈）应与法兰面尺寸相配合，安装位置应正确，其搭接处厚度应与原厚度相同。在整个圆周面上应均匀受压。

1）橡胶密封垫的压缩量一般不应超过其厚度的1/3。

2）橡胶密封垫紧固不是一次性的紧固，而是以对角线的位置起，依次一点一点的紧固，四周螺栓分4～5次进行紧固。紧固顺序为1-2-3-4-5-6-7-8-1（见图2-3）。

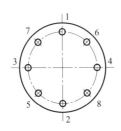

图2-3　紧固顺序

3）目测紧固后的橡胶密封垫是否均匀受力，确认法兰间或法兰与盖板间的间隙在0～0.5mm以下（见图2-4）。

（3）本体或升高座等充气运输的设备，应安装显示充气压力的表计，卸货前应检查压力表指示符合厂家要求，变压器制造厂家应提供运输过程中的气体压力记录。

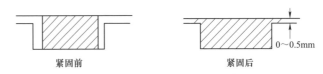

图2-4　力矩紧固

2.2.2　主变压器内部检查

2.2.2.1　常见问题

（1）铁芯存在多点接地，铁芯与夹件绝缘强度低。可见连接处的紧固件出现松动。

（2）油箱底部存在薄层残油，油液中遗留杂质，未经细部过滤处理。

2.2.2.2　预控措施

（1）铁芯存在多点接地，铁芯与夹件绝缘强度低。可见连接处的紧固件出现松动。

1）铁芯检查：① 铁芯应无变形，铁轭与夹件间的绝缘垫应良好；② 铁芯应无多点接地；③ 铁芯拉板及铁轭拉带应紧固，绝缘良好；④ 铁心与夹件间的绝缘是否良好（可用2500V绝缘电阻表检查），是否有多余的接地点。

2）绕组检查：① 绕组绝缘层应完整，无缺损、变位现象；

② 各绕组应排列整齐，间隙均匀，油路无堵塞；③ 绕组的压钉应紧固，防松螺母应锁紧。引出线绝缘包扎牢固，无破损、拧弯现象；引出线绝缘距离应合格，固定牢靠，其固定支架应紧固；引出线的裸露部分应无毛刺或尖角，其焊接应良好；引出线与套管的连接应牢靠，接线正确。

3）所有螺栓应紧固，并有防松措施；绝缘螺栓应无损坏，防松绑扎完好

（2）油箱底部存在薄层残油，油液中遗留杂质，未经细部过滤处理。

各部位应无油泥、水滴和金属屑末等杂物，油箱底部无遗留杂物；进入油箱检查人员的工器具在进入变压器前做好登记，确保带入的工具均已带出，无遗漏。

2.2.3 主变压器附件安装

2.2.3.1 常见问题

（1）铁芯，夹件绝缘子损坏，引出线渗油，铁芯夹件引出线弯曲。

（2）油位表卡涩，出现假油位。

2.2.3.2 预控措施

（1）铁芯，夹件绝缘子损坏，引出线渗油，铁芯夹件引出线弯曲。

1）将瓷套内外表面擦拭干净，确认瓷件无损伤，密封面平整，槽内清理并擦拭干净。

2）拆下套管安装孔处的封板，通过法兰孔检查接地引线下端是否牢固插入铁芯叠片中，引线上端连接件焊接是否牢靠，引线外包绝缘是否完好。

3）清理安装法兰表面，放好密封垫，并将导电杆穿过瓷套，再在导电杆上套上封环、瓷盖、衬垫，并旋上螺母，用压钉将瓷套压紧。瓷套固定好后，再拧紧导电杆上的螺母，将封环压紧。

4）现场施工人员在变压器上进行作业时，应注意成品保护，严禁踩踏铁芯、夹件引出线，以防止铁芯、夹件引出线受外力弯曲。

（2）油位表卡涩，出现假油位。在注油时应时刻注意油位变化，注油到位后可采用外接油管验证真实油位位置。油位表动作应灵活，指示应与储油柜的真实油位相符。油位表的信号接电位置应正确，绝缘应良好。

2.2.4 主变压器注油及密封试验

2.2.4.1 常见问题

（1）真空泵或真空机组易将主变压器油倒吸；进行真空度测试时使用麦氏真空计造成真空计中水银倒吸入主变压器本体。

（2）注油中变压器各侧绕组、滤油机及油管未接地。

2.2.4.2 预控措施

（1）真空泵或真空机组易将主变压器油倒吸；进行真空度测

试时使用麦氏真空计造成真空计中水银倒吸入主变压器本体。

（1）真空泵或真空机组应有防止真空泵油倒灌的措施，禁止使用麦氏真空计，宜使用电子真空计。

（2）气体继电器不能随油箱同时抽真空。

（2）注油中变压器各侧绕组、滤油机及油管未接地。注油中，变压器本体及各侧绕组、滤油机及油管道应可靠接地；注入油温应高于器身温度，注油速度不宜大于 100L/min；在最高、最低油位应检查油位计接点动作正确；油位指示应符合"油温－油位曲线"。

2.2.5 主变压器整体检查

2.2.5.1 常见问题

（1）主变压器注油后静置过程中油中气体组分含量超标。

（2）主变压器三相呼吸器受潮，有载调压呼吸器内硅胶全部变色变质，呼吸器硅胶过满，主变压器呼吸器不呼吸，呼吸器无刻度标注，硅胶较少达不到标准。

2.2.5.2 预控措施

（1）静止完毕后，应从变压器套管、升高座、冷却装置、气体继电器及压力释放装置等有关部位进行多次放气，并启动潜油泵，直至残余气体排尽，调整油位至相应环境温度时的位置。主变压器注油后应密切关注油色谱变化，宜定期进行油色谱分析，关注变压器油同变压器内部构件是否存在化学反应，造成变压器油色谱成分发生变化。

（2）吸湿器验收外观应密封良好，无裂痕，吸湿剂干燥，自上而下无变色，在顶盖下应留出 1/5～1/6 高度的间隙，在 2/3 位置处应有标识。呼吸器引下至离地面 1.5m 左右。

2.2.6 主变压器系统附属设备安装

2.2.6.1 常见问题

（1）油色谱箱盖均存水，无倾斜度，主变压器油色谱在线监测输油管未加装保温护套。

（2）气体继电器不是双浮球式。

2.2.6.2 预控措施

（1）箱体不应存水，色谱油路应有保温措施。除制造厂规定不需要设置安装坡度者外，应使其顶盖沿气体继电器气流方向有 1%～1.5% 的升高坡度；设备有关厂家应纳入交底范围、施工前交底明确注意事项。

（2）设备到场后开箱验收时发现气体继电器不符合要求时及时以联系单形式联系监理、业主解决。

2.2.7 调压变压器安装

2.2.7.1 常见问题

挡位调节装置传动机构卡涩。

2.2.7.2 预控措施

传动机构中的操动机构、传动齿轮和杠杆应固定牢固，连接位置应正确，且操作应灵活，无卡阻现象，传动机构的摩擦部分应涂以适合当地气候条件的润滑脂。

2.3 1000kV 高压并联电抗器施工

特高压交流变电站高压并联电抗器采用铁芯结构，铁芯由铁芯柱和铁轭两部分组成，是并联电抗器磁回路的主要组成部分。此处主要介绍在 1000kV 高压电抗器安装过程中遇到的常见问题及预控措施。

2.3.1 高压并联电抗器本体安装

2.3.1.1 常见问题

（1）密封圈二次使用老化，导致渗油。

（2）套管吊装下落时，未能完全进入均压球内，导致变形。

2.3.1.2 预控措施

（1）所有法兰连接处应用耐油密封垫（圈）密封，密封垫（圈）应无扭曲、变形、裂纹和毛刺，法兰连接面应平整、清洁。安装部位的密封垫（圈）应更换新的垫（圈）；密封垫（圈）应擦拭干净，密封垫（圈）应与法兰面的尺寸相配合，安装位置应准确，搭接处的厚度应与原厚度相同，橡胶密封垫（圈）的压缩量应符合产品技术文件要求。所有螺栓连接和紧固应对称、均匀用力，其紧固力矩值应符合产品技术文件要求。

（2）在套管安装、下落时注意观察套管及其引线与升高座的

配合情况，避免损坏，并使套管下部和引线完全进入出线绝缘均压球内，具体尺寸符合图纸要求。套管尾部和均压球正确位置（见图 2－5）。

图 2－5 套管尾部和均压球位置图

2.3.2 高压并联电抗器内部检查

2.3.2.1 常见问题

（1）本体内氧量不足，导致人员缺氧休克。

（2）内部绝缘线破损、变形，导致放电。

2.3.2.2 预控措施

（1）高压并联电抗器内部检查时要求产品必须进行器身检查，器身检查在本体就位后进行，通过油箱下部的人孔进入油箱检查器身。器身检查前采用抽真空的方法排除氮气，进入电抗器

本体前注入合格的干燥空气并进行含氧量检测，未经充分排氮，箱内含氧量未达到 18%以上时，严禁人员入内，内检过程中持续充注合格的干燥空气。

（2）铁芯对地、夹件对地、铁芯对夹件的绝缘电阻应符合产品技术文件要求。器身定位件及绝缘件应无损坏、变形及松动。铁芯拉带及接地线连接情况：绝缘应无损伤，紧固螺栓应无松动，拉带与夹件之间的绝缘套应无破损。对于充气运输的，现场应取残油作电气强度及含水量试验。工程监理、建设单位、物资公司及生产厂家共同现场监督，并履行相关手续。

2.3.3 高压并联电抗器附件安装

2.3.3.1 常见问题

（1）密封圈未放到槽内，导致漏油。

（2）环境湿度过大，安装受潮。

2.3.3.2 预控措施

（1）将瓷套内外表面擦拭干净，确认瓷件无损伤，密封面平整，槽内清理并擦拭干净。

（2）拆下套管安装孔处的封板，通过法兰孔检查接地引线下端是否牢固插入铁芯叠片中，引线上端连接件焊接是否牢靠，引线外包绝缘是否完好。

（3）安装附件需要高压并联电抗器本体露空时，环境相对湿度应小于 80%，连续露空时间不超过 8h，累计露空时间不宜超

过 24h，场地四周应清洁，并有防尘措施。冷却器起吊方式平衡，接口阀门密封、开启位置应预先检查。连接管道安装，内部清洁，连接面或连接接头可靠（不同厂家要求不同，施工时注意查看厂家技术规范书，根据技术规范书执行）。

2.3.4 高压并联电抗器注油及密封试验

2.3.4.1 常见问题

（1）油速过快，容易造成内部接件损坏。

（2）注油之后压力过大，造成喷油现象。

2.3.4.2 预控措施

（1）将准备好的合格油通过油箱下部的 80 闸阀注入油箱内，电抗器出口油温达到 60 ± 5℃，注油速度 4～5t/h，直到油面达到拱顶下 200mm。注油过程真空度应不大于 20Pa。继续抽真空 3h，关闭本体 80 蝶阀和机组，从储油柜呼吸口继续抽真空。根据环境温度，继续注油至储油柜标准液面后，停止抽真空，停止注油，关闭储油柜上口胶囊内外联通阀门、缓慢解除真空，附装产品吸湿器（不同厂家要求不同，施工时注意查看厂家技术规范书，根据技术规范书执行）。

（2）在本体储油柜呼吸口上连接氮气瓶及氮气减压器，打开呼吸口阀门，向储油柜内充入氮气（纯度 99.99%）0.03MPa，维持 24h，检查油箱各密封处不应有渗油。密封试验前应采取措施防止压力释放阀动作。密封试验合格后，泄压，安装呼吸器，检

查并调整油位和当前油温相对应，然后拆除压力释放阀闭锁装置。密封试验期间按照 GB 1094.1《电力电抗器 第 1 部分：总则》的要求做压力变形试验。

2.3.5 高压并联电抗器整体检查

2.3.5.1 常见问题

（1）运输过程冲撞记录仪大于 3g，不可接收。

（2）压力不足 0.01MPa 时，内部有可能受潮。

2.3.5.2 预控措施

（1）当高压并联电抗器的三维冲击加速度均不大于 3g 时，应视为正常，可直接进行器身检查。当高压并联电抗器的任一方向冲击加速度大于 3g 时，或冲击加速度监视装置出现异常时，应对运输、装卸和就位过程进行分析，明确相关责任，并应确定现场进行器身检查或返厂进行检查和处理。

（2）应根据器身检查结果确定运输是否正常，并应做好记录。器身检查结束，应抽真空并补充干燥空气直到内部压力达到 0.01～0.03MPa。

2.3.6 高压并联电抗器附属设备安装

2.3.6.1 常见问题

（1）上端连接件焊接不牢靠导致断裂。

（2）电缆磨损破裂。

2.3.6.2 预控措施

（1）铁芯、夹件接地绝缘子安装应该将瓷套内外表面擦拭干净，确认瓷件无损伤，密封面平整。拆下套管安装孔处的封板，通过法兰孔检查接地引线下端是否牢固插入铁芯叠片中，引线上端连接件焊接是否牢靠，引线外包绝缘是否完好。清理安装法兰表面，放好密封垫，并将导电杆穿过瓷套，再在导电杆上套上封环、瓷盖、衬垫，并旋上螺母，用压钉将瓷套压紧。瓷套固定好后，再拧紧导电杆上的螺母，将封环压紧。

（2）电气线路的安装，按照控制线路图，先装好托线槽，然后接好接线盒和温度计、释压器及互感器接线盒的联线，并将联线用线扣固定在油箱箱盖、箱壁的托线槽内，用线槽盖盖好。未进托线槽的裸露电缆，要求外加保护用包塑金属软管。

2.3.7 高压并联电抗器中性点小电抗安装

2.3.7.1 常见问题

散热器、连管、气体继电器等渗油现象螺栓未紧固，垫圈安装时未到位，焊接微渗点等（多出现在散热器）。

2.3.7.2 预控措施

应按要求进行密封试验、检查，标注疑似渗油点并进行跟踪，螺栓紧固应到位，力矩紧固后做好标识。安装对接面时应仔细检查皮垫位置确定无误，不得使用旧胶垫。

2.3.8 高压并联电抗器引下线及管母安装

2.3.8.1 常见问题

（1）管型母线内部未清理，未按要求加阻尼线。

（2）引线螺栓有不露扣现象。

2.3.8.2 预控措施

（1）根据实测数确定管型母线长度，进行内部清理，放入阻尼导线（以设计图纸为准），安装封端盖或封端球，封端球应带有泄水孔，且泄水孔朝下。

（2）连接管型母线金具及引线线夹螺栓应用力矩扳手紧固。螺栓应均匀拧紧，紧固 U 形螺栓时，应使用两端均衡，不得歪斜；螺栓长度除可调金具外，宜露出螺母 2～3 扣。

2.4 1000kV GIS 安装

1000kV GIS 与 750kV 超高压设备相比，绝缘水平进一步提高，从而使设备尺寸增大，对机械强度提出了更高的要求，也对设备的安装增加了难度。

在特高压断路器设计上，有双断口串联和四断口串联两种方案。双断口特高压断路器的结构简单、断口数量少，但单个断口耐受电压较高，对每个断口绝缘性能的要求较高，并且需采用特大功率的操动机构。四断口特高压断路器零部件的通用性好，机构操作功要求小，但零部件数较多，合闸电阻结构相对复杂。

此处主要介绍在 1000kV GIS 安装过程中遇到的常见问题及预控措施。

2.4.1 基础检查及设备支架安装

2.4.1.1 常见问题

（1）基础预埋件位置、埋件尺寸不满足要求。

（2）GIS 个别支架未接地。

（3）GIS 斜垫使用方向错误。

2.4.1.2 预控措施

（1）埋件平整度要求：相邻预埋件标高误差不大于 2 mm；全部埋件误差小于 5 mm；基础不平整度误差为 5 mm；基础埋件 x、y 轴误差小于等于 5mm。

（2）支架及接地线应无锈蚀和损伤，接地应良好，按照图纸要求制作接地。

（3）对施工人员进行交底时明确哪些位置应使用斜垫、斜垫薄端应对应槽钢或角钢的厚端，紧固后斜垫应方正。

（4）做好技术交底工作，现场核对埋件、接地端子的位置方向、数量。

2.4.2 GIS 组合电气本体检查安装

2.4.2.1 常见问题

（1）GIS 法兰螺栓紧固顺序不正确，紧固力矩达不到要求。

（2）跨接接地用的铜铝过度片未搪锡。

（3）在空气中暴露时间过长。

2.4.2.2 预控措施

（1）法兰螺栓一般采用对角紧固的方法，两两紧固所有螺栓。螺栓紧固时应按厂家技术要求中的力矩值多次紧固。螺栓紧固应使用力短扳手，力矩值应符合产品的技术规定，紧固完毕后划线做紧固标记（见图2-6）。

图2-6 螺栓采用力矩紧固

（2）提前向物资提交联系单，严格执行规程规范及标准工艺，建议设备单位制作工艺要严格执行接地规程和母线规程，加强出厂前验收，重点检查清楚设备连接点的材质，铜排规格，确保镀锡厚度。

（3）吸附剂极易受潮。吸附剂装入GIS后，并立即密封罐体并抽真空，超过30min后应重新处理吸附剂。真空未破损的吸附剂可不经烘干处理直接装入GIS内。特殊情况下吸附剂受潮时采用烘箱进行烘干处理，温度为300℃，烘干时间为2h。烘干的吸附剂应在烘干炉内冷却到室温之后立即装入GIS内，在空气中暴露时间不得超过10min。

2.4.3 就地控制设备安装

2.4.3.1 常见问题

（1）汇控柜内端子排为双层端子排，导致外层接线完成后内层接线无法拆除，不便于调试、检修。相关的TA试验端子不方便使用。

（2）机构箱内加热器距离电缆过近，配线在加热器上方（见图2-7）。

2.4.3.2 预控措施

（1）加强到货检查，发现不符合规范的问题立即要求厂家按要求整改更换。

（2）电缆敷设时如发现加热器过近，协调设计、厂家进行修改，使加热器距离电缆距离满足大于50mm的要求。

2.4.4 附属设备安装

2.4.4.1 常见问题

（1）SF_6气体管路内存有水迹，造成气体微水不合格。

图 2-7　机构箱内加热器距离电缆过近

（2）SF_6 气体管路密封圈脱落，造成漏气。

（3）SF_6 气体管路扭曲变形，不美观。

2.4.4.2　预控措施

（1）气体管路安装前内部应清洁，使用干燥空气吹管，保持内部清洁。

（2）气体管路现场连接时，应先清理密封接头及设备上的连接面，放好密封圈涂好润滑脂并紧固。

（3）气体管路连接后应用支架进行固定，保证安装美观。

2.5　110kV 配电装置安装

此处主要介绍在特高压交流变电站 110kV 配电装置安装过程中遇到的常见问题及预控措施。

2.5.1　管型母线安装

2.5.1.1　常见问题

（1）管型母线正式焊接前，未进行相关测试件试验。

（2）管型母线金具紧固在管母焊接点上。

2.5.1.2　预控措施

（1）管型母线施焊前，必须先焊接测试件，按规范进行表面及断口检验、焊缝 X 光探伤、抗拉强度和直流电阻试验，铝合金管的抗拉强度必须大于产品标称值的 60%，合格方能大规模施焊。

（2）焊接位置必须避开母线金具、挂点、支持点的位置；母线焊接部位距母线支持器夹板及设备金具边缘距离不应小于 500mm。

2.5.2　断路器安装

2.5.2.1　常见问题

安装前未进行基础复测，造成安装好的断路器存在过大位置误差。

2.5.2.2　预控措施

安装前应对基础误差进行复测，确保基础误差在允许范围内。基础中心距离误差、高度误差、预留孔或预埋件中心距离误差均应≤10mm，预留螺栓中心距离误差≤2mm，地脚螺栓高出基础顶面长度适当，并一致。

2.5.3　隔离开关安装

2.5.3.1　常见问题

（1）隔离开关动静触头接触面出现氧化层，造成直流电阻偏大。

（2）隔离开关电动操作动作不到位。

2.5.3.2　预控措施

（1）检查处理导电部分连接部件的接触面，用百洁布清除氧化物，清洁后涂以复合电力脂连接。动静触头接触面氧化物清洁光滑后涂上薄层中性凡士林油。

（2）隔离开关进行手动操作动作到位并进行直阻测试后，还应进行电动操作，并保证动作到位，直阻测试合格。

2.5.4　电流互感器安装

2.5.4.1　常见问题

电流互感器一次极性方向装反，造成后期返工。

2.5.4.2　预控措施

安装时二次接线盒或铭牌的朝向应符合设计要求并朝向一致，电流互感器 P1 朝向母线侧。

2.6　无功补偿装置安装

2.6.1　并联电抗器安装

2.6.1.1　常见问题

（1）电抗器引线使用普通螺栓，运行后产生发热现象。

（2）电抗器支柱接地线形成闭合回路，或者同地网形成闭合回路。

2.6.1.2　预控措施

（1）电抗器引线所用螺栓应为不锈钢螺栓。

（2）电抗器支柱的底座均应接地，采用铜排，支柱的接地线不应成闭合回路，同时不得与地网形成闭合回路，一般采用单开口或多开口等电位联结后接地。在制作接地过程中，宜先进行直流电阻测试，确保不形成闭合回路。

2.6.2　电容器安装

2.6.2.1　常见问题

（1）电容器安装过程中未充分放电。

（2）电容器搬运时未对绝缘子进行保护，造成绝缘子损伤。

2.6.2.2　预控措施

（1）电容器接地前应逐相充分放电，装在绝缘支架上的电容器外壳应放电。

（2）电容器组用母线连接时，不要使电容器套管（接线端子）受机械应力，压接应严密可靠，母线排列整齐。

2.7 站用配电装置安装施工

站用配电装置主要包含 35kV 站用干式变压器，低压配电柜、开关柜及内部相关电气连接。此处主要讲述低压变压器、低压盘柜、柜内母线连接及二次回路中常见问题及预控措施。

2.7.1 低压变压器安装

2.7.1.1 常见问题

（1）站用变压器预留母排与动力屏内母排不匹配，无法连接。

（2）站用变压器铁芯对夹件绝缘强度低，进行绝缘试验时放电。

2.7.1.2 预控措施

（1）设计阶段，提前通知两家单位进行相关配合，避免后期处理。

（2）站用变压器到现场安装前和安装后都应进行铁芯绝缘电阻测试，确保其在运输和安装过程中不出现铁芯移位，绝缘材料磨损的情况。

2.7.2 低压盘柜安装

2.7.2.1 常见问题

（1）避雷器放电计数器卡涩，送电时出现避雷器放电计数器

电流指针无示数。

（2）低压配电柜内空气开关问题。

1）盘柜内与动力电缆连接的母排截面积太小无法与动力电缆连接，截面积太小容易造成铜排强度不足、变形（见图 2-8）。

2）大截面电缆空气开关位置设置距离过近，空气开关引出端三相之间空间太小，动力电缆与之连接时没有足够的空间，无法连接（见图 2-9）。

图 2-8　大电流空气开关　　　　图 2-9　空气开关引出
布置不合理　　　　　　　铜排截面积不足

2.7.2.2 预控措施

（1）避雷器放电计数器安装就位后应进行动作特性试验，试验过程中应观察其电流指针动作灵敏，无卡涩现象。送电前应检查其与避雷器接地引出线的连接情况，确保连接可靠，无松动。

（2）提前与设计单位、厂家进行沟通，保证截面积满足搭接及拉力要求。空气开关之间空间满足要求，大截面电缆分开布置。

（3）设备生产前提醒厂家注意现场屏柜分布，避免到货后部分挡板遗漏；屏柜生产和安装过程中存在偏差，基础施工前提醒土建单位考虑槽钢长度裕度。

2.7.3 母线安装

2.7.3.1 常见问题

（1）母排安装过程中，对母排的绝缘层保护不到位，造成绝缘层多出损伤。

（2）母排搭接时，螺栓力矩值紧固不到位，造成部分虚接，进而导致搭接面发热比较严重。

2.7.3.2 预控措施

（1）安装前在地面铺设塑料布，母排在铺设好的塑料布上进行拆除外包装，施工过程中遇到易划伤部位提前采用软布进行防护，防止划伤。

（2）螺栓紧固时采用力矩扳手进行紧固，紧固完成的螺栓做好相应的划线标示。

2.7.4 二次回路检查及接线

2.7.4.1 常见问题

（1）设计图纸中电源配置接线图与端子排二次接线图不对应，导致二次接线后空气开关所标用途与实际去向不对应。

（2）屏柜内空气开关排列与图纸不对应。

（3）屏柜内部相间缺少保护罩等隔离措施，容易引起短路。

2.7.4.2 预控措施

（1）审核设计图纸，核对设计图纸的配置接线图与端子排二次接线图是否一致，避免屏柜空气开关与后面二次接线不对应。发现问题及时与设计院沟通修改。

（2）屏柜到场后，首先核对厂家图纸上空气开关排列与空气开关型号是否与到场的屏柜保持一致，避免空气开关型号过大及过小，造成上下级差不匹配，影响系统的安全稳定运行。将设计院图纸与厂家图纸进行复核，验证设计与现场的一致性。

（3）对于安培数较大的站用电接线端子，一般采用铜排开孔的形式，将电缆压接于铜排上，A、B、C 三相之间需要进行良好的隔离，如增加绝缘护罩或用绝缘胶木进行隔离。

2.8 全站电缆敷设

此处主要介绍在交流特高压变电站电缆敷设过程中遇到的常见问题及预控措施。

2.8.1 电力电缆终端及中间接头制作

2.8.1.1 常见问题

（1）高压电缆终端头不满足与铜排面积搭接要求。

（2）高压电缆存在与其他电力及控制电缆共沟敷设现象。

2.8.1.2 预控措施

（1）单芯电缆终端头端子接引应使用双螺栓固定。

（2）协调设计单位对高压电缆进行隔离单独沟道处理或用防火槽盒对其进行封闭。严格安装设计施工，完成后逐段进行检查。

2.8.2 控制电缆终端制作及安装

2.8.2.1 常见问题

（1）电缆头不平整。

（2）控制电缆一次接地与二次接地混接现象。

2.8.2.2 预控措施

（1）热缩管应与电缆的直径配套，缠绕的聚氯乙烯带颜色统一，缠绕密实、牢固、热缩管电缆头应采用统一长度热缩管加热收缩而成。

（2）控制电缆终端制作时应把一次接地与二次接地隔离处理，严禁在终端头处出现混接现象。

2.8.3 电缆防火阻燃设施施工

2.8.3.1 常见问题

（1）电缆防火涂料不均匀。

（2）部分防火墙电缆封堵不严。

（3）电缆沟防火墙没有加预留电缆空洞，以后无法进行电缆敷设。

2.8.3.2 预控措施

（1）电缆进屏柜封堵严密进盘侧电缆刷阻燃涂料厚度不小于 1.0mm，涂刷长度不小于 1500mm。

（2）屏柜孔洞及电缆管应封堵严密，可能结冰的地区应采用防止电缆管内积水结冰的措施。

（3）电缆沟阻火墙宜预先布置 PVC 管，方便后续扩建施工作业。

（4）电缆管口积水预控措施电缆管封堵管口封堵严密，堵料凸起 2～5mm。

2.9　二次设备安装

此处主要介绍在交流特高压变电站二次设备安装过程中遇到的常见问题及预控措施。

2.9.1 继电保护小室设备安装

2.9.1.1 常见问题

（1）屏柜内正负电源间缺少空端子。

（2）屏柜接地铜排上缺少接地符号，部分屏柜内未配置二次接地铜排，屏柜接地铜排距屏柜底部距离不足 5cm。

（3）保护室部分屏柜内端子排与槽盒之间过于紧凑，端子排距离盘底不足 30cm。

（4）屏柜压板标识不规范，压板颜色不标准。

2.9.1.2 预控措施

（1）正负极电源之间以及经常带电的正电源与合闸或跳闸回路之间宜以空端子隔开。

（2）屏柜体接地应牢固可靠标识应明显。屏柜（箱）内应分别设置接地铜排和等电位屏蔽铜排，并由厂家制作接地标识。接地铜排应采用截面积不小于 50mm² 的铜缆，与保护室下层的等电位接地网相连，盘柜底部的专用接地铜排离底部大于等于 50mm，便于封堵。

（3）端子排应有序号，端子应接线方便，离地面高度宜大于 350mm。类似问题主要集中在测控屏，屏柜到货开箱时在监理见证下进行检查，及时协调处理。

（4）保护压板应使用双重编号，同一保护屏内压板名称不应重复。出口压板、功能压板、备用压板应采用不同颜色区分。标识制作前，召开专门协调会，确认命名规则及编号名称等。压板颜色不规范的屏柜，要求厂家按照要求更换颜色。

2.9.2 蓄电池设备安装

2.9.2.1 常见问题

（1）铅酸蓄电池在搬运过程中造成破坏。

（2）蓄电池正负极颜色不规范，蓄电池没有编号，不符合标准工艺要求。

（3）蓄电池进线主电源在沟道内应有独立的空间。

（4）电源引出电缆连接不规范。电缆穿管过低或过高。

2.9.2.2 预控措施

（1）应注意正负极柱的方向，避免碰坏正负极柱。电池应立面进行搬运，以免造成电池漏液对人体造成安全危害。

（2）蓄电池正极应为赭色，负极应为蓝色。蓄电池组的每个蓄电池应在外表面用耐酸材料标明编号。蓄电池编号在厂家未发货时可以直接和厂家负责人沟通补发，做好现场保管，避免施工过程中遗失。安装完成后，加强成品保护。

（3）电缆需穿管或者加设槽盒来进行隔断。

（4）蓄电池的电源引出线电缆不应直接连接的极柱上应采用过度板连接。预埋管时电气人员需要与土建人员沟通，按要求预埋，电缆穿管的高度要求低于蓄电池接线端子的 200～300mm。

2.9.3 二次回路及检查接线

2.9.3.1 常见问题

（1）屏柜接线、内部配线松动。

（2）多股线芯未压电缆终端。

（3）一个端子排上接线超过两芯。

（4）接线外露太长。

（5）备用芯留未留置最远端。

2.9.3.2 预控措施

（1）二次回路接线施工完毕后，应检查二次回路接线是否正确牢靠，在送电之前，再安排专人每一个屏柜，每一个端子进行紧固。

（2）多股软线与端子连接时，应压接相应规格的终端附件。屏柜进场之前进行验收，必须压接终端附件。接线完成后施工负责人进行检查。

（3）严格遵守保护（屏）端子排设计原则：一个端子排的每一端只能接一根导线。如存在一个端子设计两芯或以上现象，及时协调设计单位进行对图纸的核准，现场处理增加端子排并用连接片进行连接。

（4）接线完成后施工负责人检查所接电缆，线芯外露不超过5mm，无短路接地隐患为合格。

（5）接线之前做好技术交底，施工过程中先接好一个盘柜作为样板。备用芯应满足端子排最远端子接线要求，应套标有电缆编号的号码管，且线芯不得裸露（见图2-10）。

2.10 通信系统安装

此处主要介绍在交流特高压变电站通信系统安装过程中遇到的常见问题及预控措施。

图2-10 备用纤芯

2.10.1 主控通信楼设备安装

2.10.1.1 常见问题

（1）通信屏柜门的接地线的截面积小于4mm²。

（2）设备搬运过程中易发生碰撞，损坏屏柜或墙面。屏柜安装时环境卫生差，影响通信设备性能。

（3）缺少电源进线绝缘护罩。

（4）通信装置2MB配线出现时通时断现象。

（5）标签标示颜色混乱，格式混乱。

2.10.1.2 预控措施

（1）屏柜底座与槽钢连接可靠，可开启的门用软铜线可靠接地，前后门及边门应采用截面积不小于4mm²多股软线可靠接地。

（2）由于主控通信楼设备间一般在楼上，因此屏柜向楼上搬运时，需事先确定搬运方式及搬运路径，尤其是楼道内搬运，需将墙角、地面等做好保护措施，使用毛毡、木板等保护，避免磕碰。设备安装前，通信机房内需清扫、除尘，防止尘埃对通信设备性能造成影响，每天施工要做到"工完、料净、场地清"。

（3）屏柜内带电母线应有防止人手触及的隔离防护装置，施工期间，要采取措施防止护罩丢失，施工完成后送电之前，施工负责人需详细检查，确保屏内防护措施的完整性。

（4）对 2MB 配线进行终端焊接时，应注意焊接工艺，焊点应饱满不易断开。焊接完成后首先用万用表检查焊接质量，后进行通信测试。

（5）标签施工前，严格按照通信工程方案及技术交底进行施工，熟读通信规范。标签黏贴要端正、规范、清晰、准确（见图 2-11）。

2.10.2 防雷接地施工

2.10.2.1 常见问题

（1）接地装置与道路入口距离过近。

（2）防雷接地与接地网串接。

（3）避雷针与引下线之间采用螺栓连接。

（4）复合光纤架空地线（Optical Power Ground Waveguide，OPGW）引下光缆在构架上的接地点缺少。

图 2-11　标签黏贴

（5）对设备防雷接地模块不够重视，防雷接地模块缺失。

（6）通信机房内接地网重复设计、施工。

2.10.2.2 预控措施

（1）独立避雷针及其接地装置与道路或建筑物的出入口等的距离应大于 3m。当小于 3m 时，应采取均压措施或敷设卵石或沥青地面。

（2）独立避雷针的接地装置接地网的地中距离不应小于 3m。

（3）避雷针与引下线之间的连接应采用焊接或热剂焊（放热焊接）。

（4）OPGW 引下光缆必须 3 点接地，在门型架顶部一点和底部两点进行接地。在架构生产之前，必须预先焊接好接地端子，构架到货之后进行现场检验，以免构架组立好以后处理困难。

（5）由于变电站的防雷接地系统相当完善，所以只在场地敷设进入通信机房的音频电缆进行防雷阻隔，即在 VDF 模块用户端加防雷模块。防雷模块要防止遗失，在音频电缆施工完成后，加装防雷模块进行调试。

（6）通信机房内需要设置通信接地铜排，与主地网 3 点连接，接地铜排在设计时，二次专业与通信专业一般都会设计，导致现场重复施工，因此在图纸会审阶段，需结合两个专业共同审查，避免重复。

2.11 场地照明施工

此处主要介绍在交流特高压变电站场地照明施工过程中遇到的常见问题及预控措施。

2.11.1 灯具电缆埋管埋设

2.11.1.1 常见问题

（1）灯具埋管电缆管关于电缆管坡度不满足要求，容易积水，造成安全隐患。

（2）金属电缆管套管未焊接或未满焊且长度不满足要求（见图 2-12）。

2.11.1.2 预控措施

（1）严格按照图纸施工，按照要求挖沟时要有 1%的坡度，敷管完成后，做好隐蔽前的工程检查。

图 2-12　电缆管套管不规范

（2）电缆管不宜对焊，宜采用套管焊接，套管的长度不小于电缆管的外径的 2.2 倍，两端应满焊密封良好，涂刷防腐漆。（见图 2-13）

图 2-13　电缆管套管规范示意图

2.11.2 灯具电缆穿线

2.11.2.1 常见问题

（1）电缆管的数量不符合要求，电缆过多。

（2）电缆管内有线缆接头。

（3）电缆管管口未进行钝化处理，钢管管口容易割伤电缆外护套（见图2-14）。

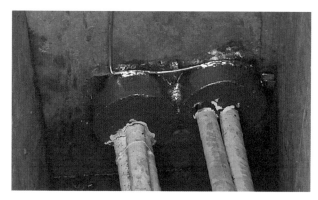

图2-14 电缆管管口未钝化

2.11.2.2 预控措施

（1）严格按图施工敷管，不得减少敷管数量。如果设计不符合实际情况，可联系设计人员增加钢管数量或增大敷管的口径。禁止一根电缆管内既有直流电缆也有交流电缆。电缆管的内径与电缆的外径之比不得小于1.5。

（2）电缆管切割后，管口必须进行钝化处理，以防损伤电缆，电缆管敷设时电缆不应外露。

2.11.3 灯具设备安装

2.11.3.1 常见问题

（1）灯金属外壳未接地。

（2）灯具电缆外露。

（3）照明空气开关存在极差问题。

2.11.3.2 预控措施

（1）在灯架加工时，要求加装接地端子，便于灯具接地。

（2）灯具外露的电缆应通过柔性金属管与灯具金属外壳连接。

（3）及时核对现场照明上下级空气开关，如果存在下级口空气开关比上级口空气开关额定电流大的现象，及时与监理单位、设计单位沟通，协调厂家进行更换。

线 路 工 程

第 **3** 章

3.1 土石方工程

土石方工程是电力线路建设施工的第一步，是后续施工工作的基准。随着电力施工机械化、信息化程度的逐步提高，土石方工程的施工难度逐步降低。土石方分部工程包括的分项工程有线路复测，普通基础分坑及开挖，岩石基础分坑及开挖，施工基面、风偏及对地开方。此处主要介绍土石方施工过程中常见问题及其预控措施。

3.1.1 线路复测

3.1.1.1 常见问题

（1）线路复测过程中发现桩位处地形、地貌等变化较大，与设计单位提供勘测资料有出入。

（2）设计单位控制桩丢失较多，采用基准站式 GPS 定位时会造成误差累计。

（3）由于复测人员操作原因造成的桩位的档距、横线路方向位移误差超差。

（4）施工班组使用错误的中心桩指导施工：① 错将方向桩当做中心桩；② 中心桩被他人错误移动过。

（5）施工过程中中心桩、辅助桩未进行有效保护，导致其不能在后续的基础施工及验收工作中发挥应有的作用。

3.1.1.2 预控措施

（1）复测过程中发现桩位处地形、地貌与设计提供设计文件有较大出入时应及时与设计单位取得联系，将现场实际状况清晰的反映给设计相关人员，必要时要求设计人员到现场勘察。

（2）摒弃老旧的基站式 GPS 定位设备，应用新型 CORS 系统 GPS 定位设备；现场只能使用基站式 GPS 定位设备时，可要求设计单位补定控制桩，以满足现场定位要求。

（3）复测定位前应已完成《线路复测作业指导书》编写、报审相关工作；复测人员应取得相应证件并已接受复测作业交底；

复测定位所需的相关设备检验合格并已报请监理审核通过；复测定位所需的《杆塔明细表》《平断面图》等资料准备齐全、内容无误。

（4）加强项目部内部管理，制订切实可行的交桩办法，项目部人员依据该办法向施工班组人员进行交桩作业。该办法应包括以下内容：① 项目部复测人员应到场交桩，明确每个基塔位所定中心桩的标识、数量以及辅助桩的标识、数量，并给出中心桩与各辅助桩的距离；② 在前后桩位通视的情况下，施工班组人员在施工前必须校核施工桩位与前后桩位的档距，转角塔还应校核转角度数；对于不通视的塔位，施工项目人员应提前定好校核桩，并将该桩的相关数据一并告知施工班组人员，施工班组人员以校核桩替代前后塔位桩进行相关校核作业；③ 参与交桩的施工班组人员应在三人以上，人员应为包含技术员在内的骨干人员；④ 施工班组人员不得额外在桩本体上进行任何标识，以免与项目部所做标识混淆。

（5）施工班组进行基坑开挖前应对塔位中心桩、辅助桩进行有效保护，如图3-1（a）、图3-1（b）所示。

3.1.2　普通基础分坑及开挖

3.1.2.1　常见问题

（1）未编写相应的施工方案或相应方案未履行完审批、审核流程，未履行完分部工程开工申请流程。

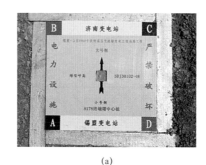

(a) (b)

图3-1　基坑开挖前对塔位的有效保护
(a) 中心桩保护；(b) 辅助桩保护

（2）现场地质与设计勘测地质不符。

（3）基坑开挖未按规范要求放坡。

（4）基坑开挖过程中基坑内出现积水、渗水现象。

（5）基坑坍塌。

（6）现场安全文明施工、环保、水保工作不满足国家电网有限公司及设计单位相关要求。

3.1.2.2　预控措施

（1）严格执行国家电网有限公司标准化开工相关要求，施工项目部自觉履行相关开工程序，监理项目部、业主项目部做好监督检查工作。

（2）现场开挖时发现地质与设计不符时应立即停止开挖，报请施工项目技术人员到现场查勘，待项目部人员与设计人员沟通后，确认原设计满足实际地质情况后方可继续施工，施工项目部应注意留存现场相关影像资料，必要时及时完成现场签证工作。

（3）基坑开挖应根据地质情况选择适应的放坡比例，如表 3-1 所示，施工现场负责人应做好监督检查工作，土方开挖过程中，如出现裂缝和滑坡迹象时，立即暂停施工和采取应急抢救措施，并通知监理工程师。

表 3-1 　　　　基 坑 放 坡 比 例 表

土质类别	砂土、砾土、淤泥	砂质黏土	黏土、黄土	硬黏土
坡度（深:宽）	1:0.75	1:0.5	1:0.3	1:0.15

（4）基坑开挖过程中基坑内出现积水、渗水现象。

1）开挖过程中，当由于地下水渗出较快或雨水流入等情况发生，造成基坑内出现积水现象时，基坑开挖降水措施采用排明水方式，沿基础边缘四周范围以外，挖排水沟和集水坑，在施工时将边坡上及基坑底的水流引入集水坑，然后用水泵排出坑外。从地下水位以上 0.5m 开始，每一层开挖，均首先开挖集水沟和集水井，随时抽水，保持坑底不积水，并使排水沟和集水坑底低于本层基坑开挖底面深度，保证排水通畅。

如单个抽水泵无法排干不断渗入的地下水时，可同时使用两个及以上抽水泵。如果抽水泵无法一天排水完毕，晚上要设专人看护防止被盗。在降水过程中还应注意采取滤水措施防止砂土随水抽走。

2）因地下水渗出可能导致坑壁坍塌。开挖前应掌握现场土质情况，施工过程中随时观察土体松动情况，必要时可使用木桩、砂袋封堵；操作进程要紧凑，不留间隔空隙，避免坑壁坍塌。

3）开挖埋深大、渗水严重或流砂较严重的基坑，即使抽水泵明沟排水也无法阻止水或流砂的涌进，使施工无法继续进行，可采用井点降水法施工。井点降水法是在基坑开挖前，在基坑四周埋设一定数量的滤水管（井），利用抽水设备抽水使所挖的土始终保持干燥状态的方法。井点降水选择哪种井点装置和降水方法，应根据含水层中土的类别及其渗透系数、要求降水深度、工程特点施工设备条件和施工期限等因素进行技术经济比较。

（5）基坑按照边坡的地质情况进行放坡开挖，开挖至设计标高后，视地质情况在需要进行防护的坑壁底部边缘打入木桩，木桩的直径 10～15cm，布置间距为 50～100cm，木桩要求深入基坑地面 1～2m。木桩打入之后，沿需要防护的基坑边缘，堆码砂袋。砂袋中应装入碎石、粉土等，每袋装入总容量的 2/3，按照二横二顺的堆码顺序堆码并注意压实，堆码时砂袋与木桩应楔紧。

（6）施工项目部在开工前应编写《绿色施工方案》，对施工过程中各分部工程安全文明施工、环境保护、水土保持等进行详细要求，在施工过程中应加强现场管理落实方案要求及设计要求。

3.1.3 岩石基础分坑及开挖

3.1.3.1 常见问题

（1）挖孔基础、掏挖基础等的孔垂直度超差。

（2）基础开挖产生的碎石等随意堆放，地势起伏较大的地方容易产生泥石流。

（3）开挖过程中需要制作护壁的基础未按设计要求制作护壁。

3.1.3.2 预控措施

（1）掏挖时，用铅垂球对坑壁进行垂吊，边掏挖边检测，以保证坑壁垂直。为保证掏挖孔径断面不至于过大，可采取先掏挖后修整的程序，掏挖时宜预留 50mm。在掏挖过程的检测中，铅垂球应挂在孔口印记的内侧约 50mm 处。

（2）开挖产生的碎石应外运或按设计要求处理。

（3）严格按照设计要求进行施工，设计要求制作护壁的基础，应在开挖过程中逐节制作护壁，依次施工。

3.1.4 黄河大跨越基础开挖

3.1.4.1 常见问题

黄河大跨越基础由于紧邻黄河，地下水充沛，基础开挖后坑内积水较多，普通基础适用的降水方式已不能满足黄河大跨基础的积水问题。

3.1.4.2 预控措施

积极探索新的施工方法，借鉴其他行业成熟的冷冻技术施工方法，利用冷冻技术将地层降温形成局部冻土层，增加其强度和稳定性，同时阻断或减缓地下水的侵入，保证基础施工顺利进行，见图 3-2。

图 3-2　新型冷冻技术降水

3.2　基础工程

基础工程是电力线路施工中十分重要的分部工程之一，该分部工程施工过程中质量控制点较多，基础型式多种多样，施工连续性强，施工过程影响因素较多，不同地形的基础施工难度相差较大，同种基础形式在不同地形应用时，施工方式、难度也有区别。由于该分部工程结束后其大部分工作都被隐蔽起来，因此，加强基础工程施工过程的质量控制相较于其他分部工程更为重要。

基础工程包括现场浇制铁塔基础、岩石基础、钻孔灌注桩基础三项分项工程。此处主要介绍基础施工过程中常见问题及其预控措施。

3.2.1 钢筋工程

3.2.1.1 常见问题

（1）进场钢筋未履行进场报审、复试报审流程。

（2）钢筋加工设备未进行报审，钢筋焊接人员无相应证件或未进行报审。

（3）钢筋存储不善造成钢筋锈蚀。

（4）使用直螺纹连接时，钢筋切口断面不整齐，套丝长度过长或过短。钢筋套丝完成后，不立即进行直螺纹连接的丝头未进行有效保护；套筒进场未履行报审流程；直螺纹接头未按要求取样送检。

（5）钢筋笼制作不满足设计要求。

3.2.1.2 预控措施

（1）钢筋进场时，应在监理人员见证下取样后送合格试验室进行检验，应按国家现行相关标准的规定对抽取的试件作力学性能和重量偏差检验，试验合格后报请监理审核。监理审核合格后方可使用。监理项目部人员应根据施工进度督促、检查施工项目部钢筋原材送检情况。

（2）施工单位应将钢筋加工设备及钢筋焊接人员及时报送监理项目部审核，审核通过后设备方可使用，人员方可进场作业。施工项目部应完善自身管理体系，加强标准化管理。

（3）施工项目部应做好到货钢筋在项目部的存储工作，防止钢筋锈蚀；加强项目部对施工班组现场管理，督促施工班组做好钢筋在现场的存储管理工作，杜绝露天存放、随意堆放现象出现。

（4）钢筋加工管理和套筒管理。

1）加强钢筋加工管理，细化钢筋加工要求，提高钢筋加工成品质量标准，在钢筋套丝前统一检查钢筋端头切面，对切面不平整的钢筋进行返工处理；钢筋套丝完成后，应对丝头进行保护，避免丝头破坏，影响连接效果，可采用与钢筋同规格的黑色橡胶套保护，对丝头长度进行严格把控，设立专门的丝头长度检查、处理流程（见图 3-3）。

2）套筒生产厂家应提前报请监理单位、业主单位审批，进场的套筒相关资料证明文件应齐全、有效。

3）所用套筒规格应与钢筋规格匹配，并满足设计要求，接头等级的选定还应符合下列规定：① 混凝土结构中要求充分发挥钢筋强度或对延性要求的部位应优先选用 II 级接头。当在同一连接区段内必须实施 100%钢筋接头的连接时，应采用 I 级接头。② 混凝土结构中钢筋应力较高但对延性要求不高的部位可采用 III 级接头。

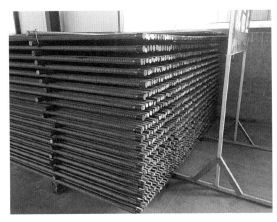

图3-3　丝头保护

（5）施工项目部现场管理人员应切实负责，严格把关钢筋笼制作质量，按照设计文件要求，审核钢筋笼主筋数量、长度，内箍筋数量、间距、直径，外箍筋间距等数据，发现与设计不符时，应责令施工班组返工调整。现场检查人员应据实填写相应施工记录。钢筋绑扎间距要求应满足表3-2要求。

表3-2　　　　　　钢筋绑扎允许偏差表

项　　目		允许偏差（mm）
受力钢筋	间距	±6
	排距	±3
骨架宽及高		±3
箍筋间距		±12

续表

项　　目		允许偏差（mm）
网眼尺寸		±12
钢筋弯起点位置		12
受力钢筋保护层偏差	基础	±6
	梁、柱	±3

3.2.2　模板支护

3.2.2.1　常见问题

（1）模板材料不满足施工要求。

（2）模板清理、维护不到位。

（3）模板安装尺寸偏差较大。

（4）基础跟开尺寸偏差较大。

（5）黄河大跨越外露部分基础模板支护常见问题：① 高大模板工程未编写专项施工方案；② 超过一定规模的模板支护脚手架未编写专项施工方案；③ 模板接缝不严密；④ 拆模时间不满足规程规范或设计要求。

3.2.2.2　预控措施

（1）特高压工程基础方量较大，为保证基础成品质量，一般情况下大开挖基础、承台基以及桩基础的外露部分础均采用组拼式钢模板，见图3-4（a）、图3-4（b）。

(a)   (b)

图 3－4 组拼式钢模板
(a) 板式基础组拼式钢模板；(b) 圆柱基础组拼式钢模板

（2）基础拆模后，应立即清理干净模板表面混凝土残渣，清理干净后在模板内侧涂刷脱模剂；模板不使用时应妥善存储，避免模板变形、内侧磨损等情况出现。模板再次使用前用对模板进行彻底检查和清理，重点检查模板有无破损，内表面有无影响基础表面观感的损伤。确保模板再次使用时干净、完整、无损伤。

（3）基础支模要求一次成型，模板不得倾侧、偏扭，并且主柱模板横行接缝不得超过 3 条。圆柱基础外露部分模板接缝统一横线路 90°布置。方形基础立柱外露部分不允许有接缝，地面以下 1m 内不允许有接缝。模板安装允许偏差要求见表 3－3。

（4）在模板支立前应首先校核基础跟开尺寸与设计文件是否一致，确认无误后方可进行模板支立施工，模板支立完成后应再次校核基础跟开尺寸，确认无误后报请监理人员验收。基础根

开、对角线尺寸允许偏差值见表 3－4。

表 3－3   模板安装允许偏差表

项　　目	允许偏差（mm）
模板轴线位置	3
相邻两模板表面高差	1

表 3－4   基础根开、对角线尺寸允许偏差值

基础根开、对角线尺寸	螺栓式		高　塔	
	优良	合格	优良	合格
允许偏差（mm）	±0.16%	±0.2%	±0.07%	±0.06%

（5）黄河大跨越外露部分基础模板支护常见问题预控措施：

1）依据中华人民共和国住房和城乡建设部令第 37 号《危险性较大的分部分项工程安全管理办法》等规范要求，高大模板施工及高度超过 24m 的脚手架应编制专项方案，并根据现场施工情况及相关文件要求确定是否需要组织专家论证会，现场施工应严格按照方案执行，脚手架、模板搭设完成后应满足相关文件要求（见图 3－5）。

2）桩基础高出地面部分应使用组拼式钢模板，分段处结合面应结合紧密，模板接缝内侧应采取粘贴胶带等措施，防止出现跑浆、漏浆现象。

3）模板拆除时间应满足 GB 50666《混凝土结构工程施工规

范》要求：当混凝土强度达到设计要求时，方可拆除底模及支架；当设计无具体要求时，同条件养护试件的混凝土抗压强度应符合表3-5的规定。

图3-5 黄河大跨越基础高大模板支护

表3-5 底模拆除时的混凝土强度要求

构件类型	构件跨度（m）	达到设计混凝土强度等级值的百分率（%）
板	≤2	≥50
	>2，≤8	≥75
	>8	≥100
梁、拱、壳	≤8	≥75
	>8	≥100
悬臂结构		≥100

3.2.3 地脚螺栓安装

3.2.3.1 常见问题

（1）特高压工程地脚螺栓材质、规格较多，施工过程中容易出现地脚螺栓使用错误的情况。

（2）42CrMo材质地脚螺栓外箍筋采用焊接方式。

（3）定位板使用错误，从而导致地脚螺栓小跟开等尺寸错误。

3.2.3.2 预控措施

（1）地脚螺栓入库时应根据地脚螺栓材质、规格分类存储，并打上明确、易区分标识，施工项目部应设专人负责地脚螺栓出入库管理；在施工过程中加强地脚螺栓跟踪管理，确保不同材质、规格的地脚螺栓螺杆、螺母不混用。施工人员领取地脚螺栓后应对照施工蓝图复核施工塔位所用地脚螺栓相关数据，确认无误后方可进行下一步施工。

（2）42CrMo材质地脚螺栓为高强钢，严禁焊接，外箍筋应采用扎丝绑扎在地脚螺栓上。

（3）施工人员对领取的定位板、锚板进行尺寸复核，确认尺寸无误后方可进行下步施工。现场施工负责人、监理人员应注意检查地脚螺栓小跟开数值。

3.2.4 混凝土浇筑

3.2.4.1 常见问题

（1）在采用现场搅拌混凝土时常有以下问题：① 砂、石、水泥等原材存储不善；② 无自搅拌混凝土配合比或配合比与设计单位要求不符；③ 砂、石、水泥、水未经检测合格即使用；④ 混凝土加料顺序颠倒，搅拌时间不够；⑤ 砂、石、水泥、水等原材不满足设计及相关规程规范要求。

（2）浇筑过程中地脚螺栓保护不到位或混凝土直接倾倒在地脚螺栓上。

（3）灌注桩基础浇筑常见问题：① 初灌未封底；② 导管堵塞；③ 导管漏水；④ 导管拔出混凝土面；⑤ 导管被混凝土埋住、卡死；⑥ 桩身有夹渣、夹泥、蜂窝。

3.2.4.2 预控措施

（1）砂、石、水泥等原材规格应满足设计要求，并应经单位检验合格后方可进场，施工项目部应对进场的原材料的存储进行详细要求，原材料存储应下铺上盖，水泥应有防潮措施。施工项目部应在合格试验室进行配合比试验，并在施工前提供给施工班组，现场施工负责人及监理人员应现场监督混凝土搅拌，并根据施工季节确定加料顺序。

（2）基础浇筑前应现将地脚螺栓用毛毡等其他方式进行保护，避免混凝土污染地脚螺栓丝扣。

（3）灌注桩基础浇筑常见问题预控措施如下：

1）在施工中应该认真检查孔内沉渣厚度，采用正确的测绳与测锤；一次清孔后，不符合要求时，要采取措施：如改善泥浆性能，延长清孔时间等进行清孔。在下完钢筋笼后，再检查沉渣量，如沉渣量超过规范要求，应进行二次清孔。导管底端距孔底高度依据桩径、隔水阀种类、大小而定，最高不超过 0.5m，施工方案中应对初灌量进行计算，并根据计算结果规定施工现场初灌用漏斗大小。

2）在施工中应尽可能提高混凝土浇筑速度，开始浇制混凝土时应尽量积累大量混凝土，使其产生极大的冲击力来克服泥浆阻力。快速连续浇筑，使混凝土和泥浆一直保持流动状态，可防导管堵塞；浇筑混凝土过程中，应匀速向导管料斗内灌注，如突然灌注大量的混凝土导管内空气不能马上排出，可能导致堵管，若管内空气从导管底端排出，可能带动导管拔出混凝土面。混凝土的质量是堵塞导管的主要原因，必须把好质量关。导管使用后应及时冲洗，保证导管内壁干净光滑。如发生堵管在导管上部可用钢筋疏通，在下部可采取导管上下振击的方法。

3）导管在使用前须做密封试验，灌注前应检查导管是否有漏水、弯曲等缺陷，发现问题要及时更换。在灌注过程中发现漏水应加快灌注速度，并加大混凝土埋深，使管内混凝土超出漏水处。

4）必须严格按照规程用规定的测深锤测量孔内混凝土表面高度，并认真核对，保证提升导管不出现失误。如误将导管拔出混凝土面，必须及时处理。孔内混凝土面高度较小时，必须终止浇筑，重新成孔；当孔内混凝土面高度较高时，可以用二次导管插入法，其一是导管底端加底盖阀，插入混凝土面 1.0m 左右，导管料斗内注满混凝土时，将导管提起约 0.5m，底盖阀脱掉，即可继续进行水下浇筑混凝土施工。

5）导管插入混凝土中的深度应根据搅拌混凝土的质量、供应速度、浇筑速度、孔内护壁泥浆状态来决定，一般情况下，以 2～6m 为宜，如果预料到不能及时供应混凝土（超过 1h），机械故障等因素时，导管插入混凝土中的深度不宜太小，据已往经验，以 5～6m 为宜，每隔 15min 左右，将导管上下活动几次，幅度以 2.0m 左右为宜，以免使混凝土产生初凝假象。浇筑混凝土如中断超过 2h，应判为断桩。

6）浇筑过程中，须不断测定混凝土面上升高度，并根据混凝土供应情况来确定拆卸导管的时间、长度，以免发生桩身夹渣、夹泥、蜂窝事故。泥浆过稠、导管漏水或导管提漏而二次下球是造成桩身夹渣、夹泥、蜂窝的主要原因。

3.2.5 基础养护

3.2.5.1 常见问题

（1）采用浇水养护时，采用传统的人工浇水方式对水资源浪费较大，不符合工程绿色施工理念，冬季养护采用暖棚法时，容易造成人员 CO 中毒。

（2）基础养护时间不够，过早拆模造成基础局部受损。

3.2.5.2 预控措施

（1）施工项目部应引导施工班组革新养护方法，夏季可采用滴水养护；冬季采用蒸汽法养护，养护过程中应保证基坑内温度不得低于 5℃，每昼夜测温不少于 4 次，测温点应选择具有代表性的位置进行布置。养护过程中应做好相关安全防范措施，见图 3-6（a）、图 3-6（b）。

|(a)|(b)|

图 3-6　养护
(a) 滴水养护；(b) 蒸汽养护

（2）混凝土强度达到 1.2MPa 前，不得在其上踩踏，混凝土强度不低于 5MPa 方可进行拆模。施工项目部应在施工方案中根据施工现场实际情况明确相应的拆模时间，以天或小时为单位（可参考表 3-6 执行），便于现场人员管控，浇制完成的基础必须在浇完后 12h 内开始，炎热或有风天气 3h 后开始，浇水养护用湿的草袋或席子、稻草等盖在混凝土上，经常浇水、保持湿润。直到拆模，拆模后如不立即回填基坑，对外露部分仍应继续遮盖保护。拆模前应提前告知施工负责人，依据施工负责人要求进行下一工序施工。

表 3-6   拆 模 时 间 控 制 表

浇制温度（℃）	<10	10	15	20	25
拆模时间（天）	3-4	3	2.5	2	1.5

基础拆模经检查合格并经隐蔽工程验收后应立即回填土，回填土覆盖的混凝土表面可不再浇水养护。

3.2.6 基础回填

3.2.6.1 常见问题

（1）基础回填不满足规范、工艺要求。

（2）地脚螺栓保护不到位。

（3）基础顶面保护不到位。

（4）基础回填后一段时间后基面下降。

（5）余土未妥善处理。

3.2.6.2 预控措施

（1）基础经过验收后即可进行基础的回填工作，基础的回填宜采用未掺有石块及其他杂物的好土，回填应符合设计要求，并应分层夯实，每回填 300mm 厚度夯实一次。坑口的地面上应筑防沉层，防沉层的上部边宽不得小于坑口边宽，其高度视土质夯实程度确定，不宜低于 300mm，高度宜为 300～500mm。基础防沉层、接地沟防沉层必须平整，成方形或长方形，横平竖直美观，布置合理统一。

（2）回填前应先将地脚螺栓除灰渣涂抹黄油，然后用热缩管对地脚螺栓进行保护，应确保地脚螺栓顶部及与基础面结合处包裹严密。

（3）基础顶面应覆盖毛毡，基础边缘应根据基础形状加装方形或圆形保护装置，防止基础损坏，见图 3-7。

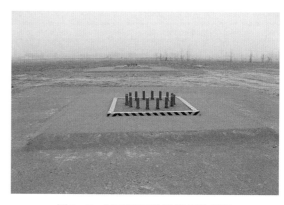

图 3-7 基础顶面及地脚螺栓保护

（4）施工基面经过沉降后，如出现回填区域地面低于周围自然地面的情况，应及时补填夯实，在工程移交时坑口回填土不应低于地面。

（5）余土处理应满足设计文件及环水保相关要求，平原地区基础余土应尽量就地消纳，均匀平铺在施工区域内，无法就地消纳的余土应外运至制定地点堆放。由于民事原因暂时无法外运的，余土应集中整方堆放，根据民事协调结果再做处理。丘陵、山地岩石类基础的余土应严格依据设计文件处理，并及时做好植被恢复工作。

3.3 组塔施工

特高压交流工程铁塔工程多采用自立式钢管塔，钢管塔具有全塔高度较高（平均在 100m 以上）、塔材单件较重、塔材突出点多、包装保护难度大等特点，塔材运输、组装、吊装组立机械化程度要求较高，组塔工具也从最初的普通电力抱杆发展到现在的下顶升只能平衡力矩抱杆，单基铁塔组立周期也从最初的十余天缩短到现在的七八天。

铁塔分部工程自立式铁塔组立和自立式钢管塔组立两项分项工程，此处主要介绍自立式钢管塔组立施工过程中常见问题及其预控措施。

3.3.1 机动车运输的控制

3.3.1.1 常见问题

（1）车辆驾驶员、运输车辆不满足国家相关法律规定。

（2）对天气、运输道路状况了解不清楚，运输前准备工作不充分。

（3）塔材需要转场倒运时，塔材装卸、固定措施不充分，进场道路整修不满足进场条件。

3.3.1.2 预控措施

（1）机动车辆运输按国家《中华人民共和国道路交通安全法》的有关规定执行，施工项目部严格把关，严禁无证驾驶，严禁酒后驾驶，严禁超限运输，严禁人货混装。运输施工前，项目部应对运输车辆进行检查，车上必须配备灭火器材。驾驶员应有丰富的驾车经验，运输必须配押运员，且押运员必须乘坐在驾驶室内。

（2）运输施工时，应根据天气状况，合理安排运输时间，同时事先对道路进行调查，需要加固的道路应及时处理。对途经的险桥、沟坡和坑洼路面及涵洞和桥梁限高等，应在出车前向押运员交底清楚，必要时可空车沿运输道路实地勘察。雨雪天尽量停止运输，路面结冰时，应加防滑链，同时务必低速缓行，切勿急刹车、猛加油。严禁抄近道过河运输。下坡应控制车速，不得放空挡滑行。每天出车前应认真检查车况，重点检查车轮和刹车装置。运输过程中遇到以下情况应小心驾驶，谨防翻车：① 急转弯时；② 下雨雪天时；③ 路面坑洼较多时；④ 路上车流较大时；⑤ 路上结冰时，运输途中不随意停车。

（3）塔材装车时必须绑扎牢固可靠，防止运输过程中塔材的松动、滑动，塔材与塔材、塔材与硬物间应加装衬垫物，保护镀锌层无损伤；对超高、超长装车，要做醒目的标志，确保过往车辆的安全。如遇特殊情况运输超高、超长、超重的塔材时应编制专项施工方案，作业前通知监理应填写《施工作业票 B》，并到道路交通管理部门办理有关运输手续许可后方可实施。在路旁装卸塔材或工器具，应在装卸点前后 100m 处设有路障标志，塔材或工器具应靠公路两侧堆放，且不得长时间占用公路。若确需过夜堆放，则堆放点前后 100m 处应设有荧光的路障标志，且悬挂马灯，确保过往车辆及行人的安全。进场道路条件较差时可采用铺设钢板方式进行道路硬化、加固，见图 3-8。

图 3-8 进场道路铺设钢板

3.3.2 索道运输的控制

3.3.2.1 常见问题

（1）未编写索道施工方案或所编写方案与现场实际不相符。

（2）索道架设及施工涉及的工器具、材料、人员未进行报审。

（3）索道架设完成后未经监理、业主验收即启用。

（4）索道施工过程中日常管理不完善。

3.3.2.2 预控措施

（1）特高压交流工程一般架设重型索道方可满足现场施工需要，重型索道按三级风险管理，进行索道架设前应按照相关要求编写索道运输方案，并经监理、业主审批合格后方可进行施工。

（2）索道架设及施工涉及的工器具、材料、人员应提前报监理项目部审核，经监理项目部批准后，工器具、材料方可使用，人员方可进场。

（3）索道架设完成后，经施工项目部技术、安全部门联合验收合格后，报业主及监理进行试运行，试运行完毕后对承载索、拉线、牵引索再次进行调整后，才可进行正常运行。

（4）业主项目部组织索道专项检查，监理单位督促问题整改；施工单位每月至少组织一次专项安全检查，并填写"施工货运索道安全检查表"，检查中发现的问题和安全隐患应立即整改，实现闭环管理。施工项目部应制定切实可行的索道运输管理制度。遇有雪、雾、冻雨等天气时，严禁进行索道运输作业。

3.3.3 塔材保护

3.3.3.1 常见问题

（1）塔材运输、组装过程造成铁塔构件变形。

（2）镀锌层磨损。

3.3.3.2 预控措施

（1）铁塔构件变形预控措施：① 履行进场开箱手续，对由于厂家生产、运输原因造成的变形构件积极要求厂家处理，对于无法现场处理的变形构件，要求厂家返厂处理。施工项目部应做好前期策划，尽量避免对塔材进行二次转运，如必须进行二次转运时，应采取防止变形及磨损的措施。② 铁塔组装过程中发生构件连接困难时，要认真分析问题的原因，严禁强行组装造成构件变形。③ 运至塔位的塔材，应根据施工图纸及单基策划方案中现场布置的要求，将塔料分段清点，检查塔料规格、数量及质量情况。对查出的弯曲或损伤塔料，按照要求进行修理或更换。

（2）镀锌层磨损预控措施：① 塔材进场后，施工项目部应及时向监理单位提出铁塔开箱申请，监理单位在接到申请后应及时组织五方进行开箱。对进行开箱的塔材使用镀锌层测厚仪抽查塔材锌层厚度，并对发现的问题以开箱会议纪要等方式反馈给相关单位。② 所有与塔材接触的吊点绳用相应吨位的合成纤维吊带，以免磨伤塔材的镀锌层。③ 塔材移动时使用吊车进行辅助，起吊点应绑扎牢固，平衡起吊，严禁吊车吊起一端拖拽塔材；较轻辅材移动可使用人力抬、扛，人工搬迁和移动塔材时应使用可靠的索具和抬杠，所有与塔材接触部分均应铺垫软物。④ 地面转向滑车严禁直接利用塔腿代替地锚使用，应设专用卡具，或采用在塔腿内侧跟部预留的施工孔。⑤ 进场的塔材应摆放在提前规划好的塔材存放区，塔材下垫方木，不得直接接触地面，见图3-9。

图3-9 塔材衬垫分区摆放

3.3.4 自立式钢管塔组立

3.3.4.1 常见问题

（1）组塔方案未编写或组塔方案与现场组塔方式区别较大，方案未经过报审即开始施工。

（2）塔材未进行开箱验收即开始施工。

（3）所用地脚螺母型号与设计不符。

（4）组塔方式较落后，效率低、风险高，现场指挥人员与塔上作业人员沟通不畅。

（5）组塔作业人员不按方案施工，超额吊装。

（6）螺栓紧固率不满足相关规范要求。

（7）螺栓匹配不统一。

（8）组塔设备的垂直度、铁塔倾斜率的控制。

（9）铁塔螺栓穿向不统一。

3.3.4.2 预控措施

（1）施工项目部应做好前期策划，确定组塔方式，并编写相应组塔方案，报请监理、业主审核后实施，监理、业主应做好现场管控。

（2）塔材进场后应立即申请监理开箱，塔材经验收合格后方可使用。

（3）严格执行国网基建〔2018〕387 号《输电线路工程地脚螺栓全过程管控办法（试行）》，基础浇筑完成后，应及时回收螺母和垫片，并重新做好入库登记。回收后的螺母、垫片根据规格、材质以及性能等级分类存放并做好标识。地脚螺母按照"一基一串"的要求逐基存放（见图 3-10），地脚螺母应严格执行领用、回收登记手续，收发台账应按塔号逐基登记螺母以及垫片的规格、材质、性能等级、数量、领用（回收）时间、领用（回收）

人等信息。组塔施工时复核塔号、规格逐基发放使用。组塔施工前，施工人员应复核地脚螺母与螺栓规格是否匹配，确认无误后方可施工。铁塔组立完成后，应随即拧紧螺母并打毛丝扣（8.8级高强度地脚螺栓不应采用螺纹打毛的防卸措施），防止螺母丢失。

图 3-10 地脚螺栓"一基一串"存放

（4）全面推广使用落地抱杆，减少或淘汰使用传统的电力抱杆，以下顶升智能平衡力矩抱杆为代表的落地抱杆，具有施工占地少、安全系数高、吊装效率高等优点，同时操作室内配备视频监控系统，操作人员可全面掌握组塔设备各处状况，极大地提高了操作人员、指挥人员、塔上作业人员的沟通效率。见图 3-11（a）、图 3-11（b）。

(a)

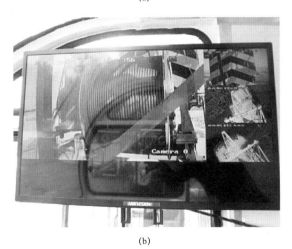

(b)

图 3-11 抱杆
(a) 下顶升智能平衡力矩抱杆组塔；(b) 抱杆操作室视频监控

（5）组塔施工前落实方案交底，施工项目部应加强施工现场管理，细化每日施工任务，制定每日吊装计划表，严格执行方案吊装计划，杜绝超负荷吊装现象发生。

（6）特高压交流工程螺栓紧固应满足 Q/GDW 1153—2012《1000kV 架空输电线路施工及验收规范》及设计单位相关要求。交流特高压工程主材采用法兰、螺栓连接，螺栓扭矩较大，采用常规的紧固手段无法满足施工现场需求，建议推广使用电动扭力扳手，在保证螺栓紧固率的同时提高紧固效率（见图 3-12）。同时加强施工管理，铁塔组立完成后，项目部应及时督促组塔班组对铁塔进行螺栓紧固，并制定相应的检查、奖惩制度，螺栓紧固时应严格责任制，实行质量跟踪制度，确保螺栓紧固率满足架线要求。

图 3-12 电动扳手紧固法兰螺栓

（7）应按设计图纸及验收规范，核对螺栓等级、规格和数量，匹配使用；杆塔组立现场，应采用有标识的容器将螺栓进行分类（见图 3-13），防止因螺栓混放造成错用；对因特殊原因临时代用的螺栓做好记录并及时更换。

图 3-13 螺栓分类摆放

（8）采用落地抱杆进行钢管塔组立时，应在每次顶升后进行一次抱杆垂直度测量，并根据测量结果，调整附着倒链，校正抱杆；铁塔组立过程中，应在下段螺栓紧固完成后再吊装上段，一段组立完成后应及时用经纬仪校核铁塔倾斜率，如发现倾斜超差应停止施工，查找原因，问题解决后方可继续组立。

（9）施工前应落实技术交底，确保作业人员了解组塔工程螺栓穿向的要求，施工项目部人员在组塔过程中应不定时采用望远镜、无人机拍照等手段进行检查，并根据检查结果及时反馈给施工负责人及组塔作业人员。

3.3.5 临近带电体组塔

3.3.5.1 常见问题

临近带电体组塔安全、技术措施不到位。

3.3.5.2 预控措施

（1）杆塔组立时，对邻近带电线路，必须保证与其有足够的安全距离。离桩位较近的低电压等级线路，影响到施工安全时，应停电的要按停电有关规定办理停电手续，操作人员必须按程序做好验电、挂接地等工作，停电工作须有专人监护，不得蛮干。

（2）不管电力线带电与否，铁塔组立施工现场都应视为带电线路，高处作业与架空输电线及其他带电体的最小安全距离不小于表 3-7 中规定。

表 3-7 高处作业与架空输电线及其他带电体的最小安全距离

电压等级（kV）	<1	1~10	35~63	110	220	330	500	800
最小安全距离（m）	1.5	3.0	4.0	5.0	6.0	7.0	8.5	13.5

（3）铁塔组立前，应组织测量人员测量塔位中心与带电体、地锚坑与带电体的距离。地锚埋设位置距带电体垂直投影正下方的距离不得小于 6.0m。

（4）铁塔组立前，接地装置应按设计要求施工完毕且经验收合格，接地装置未按设计要求施工或未施工完毕的杆塔号不得组立塔。

（5）施工机具应可靠接地，构件吊装牵引绳应安装软铜制接地棒，接地棒截面积不得小于 $25mm^2$。

（6）铁塔塔身构件应按顺线路方向组装，同时应按顺线路方向吊装构件，顺线路方向设置构件控制绳。

（7）铁塔构件控制绳应严格按照施工方案要求选用相应型号钢丝绳，禁止控制绳从电力线路下方穿过。

（8）铁塔组立施工现场应设置距电力线安全距离警戒线，防止施工工器具及受力绳索设置超出安全范围以外。

（9）构件起吊过程中，应指派专人监护控制绳受力及移动情况，防止控制绳超出安全范围以外。

（10）塔上作业人员采取穿着静电感应防护服、导电鞋等防静电感应措施，所有施工人员佩戴绝缘手套。

（11）铁塔上下传递工具、材料等，应采用绝缘绳索。用绝缘绳索传递大件金属物品（包括工具、材料等）时，铁塔或地面上作业人员应将金属物品接地后再接触，以防电击。

（12）所有作业必须在良好天气下进行。如遇雷电（听见雷声、看见闪电）、雪、雹、雨、雾等，不准进行组塔施工。风力大于 6 级或湿度大于 80% 时，不准进行组塔施工。

（13）为防止雷电以及临近高压电线作业时的感应电伤人，每基铁塔组立时应与接地线有效相接，接地装置未按设计要求施工的杆塔号不得组立塔。组立好塔后应及时做好接地连接，接地

引下线应服贴保护帽、铺设成型。

3.4 接地工程

接地工程是提高线路耐雷水平的一项十分重要的措施，也是目前国内外普遍采用的避雷方法和措施，接地体材质主要有铜、钢、石墨等材料，交流特高压工程接地体型式以普通圆钢、铜覆钢、接地模块为主。线路工程接地工程施工难度小、工艺简单，加强过程质量控制是接地工程施工的关键。接地工程包括水平接地装置、垂直接地装置两项分项工程。此处主要介绍水平接地装置接地施工过程中常见问题及其预控措施。

3.4.1 常见问题

（1）引下线工艺不美观，与塔身及接地体连接质量较差。

（2）接地体埋深、布设位置与设计不符。

（3）接地体焊接及防腐处理等不满足相关规范及设计文件要求。

（4）基础外露过高时未按设计要求固定引下线。

（5）施工完成后未清理施工现场。

（6）接地电阻值不满足设计要求。

3.4.2 预控措施

（1）接地引下线起到连接塔身与地下接地体的重要作用，接

地引下线与钢管塔腿接地板接触充分、无缝隙，采用可拆卸防盗螺栓连接；接地引下线与接地体连接采用 T 型搭接焊方式连接，焊接长度不小于 6d（d 为接地体钢筋直径）。由于接地引下线是整个接地工程中唯一一未隐蔽部分，是展示接地工程施工质量的窗口，特高压工程接地引下线应制作精美、引下顺直，与基础贴合紧密（见图 3–14）。

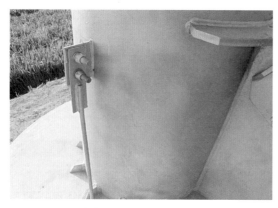

图 3–14　接地引下线

（2）施工项目部技术人员应根据现场实际情况编写接地施工方案，施工现场负责人应熟悉设计图纸及接地施工方案等要求。接地网地沟开挖时要充分考虑敷设接地体时出现弯曲的情况，留出深度富余量。接地体边框距离立柱距离应大于 0.5m。框线长度根据设计图纸确定。接地装置的放射线应尽量分散布置，并注意远离地下电缆、地下管道房屋建筑、坟头的方向埋设。

平行的水平接地体，平行间距最近不得小于 5m。对无法满足上述要求的特殊地形，应与设计协商解决。坡地的水平放射线应尽量按等高线敷设，以防止水冲。设计接地体有接地模块时，接地模块安放位置依据图纸等间距布置，接地模块接地极和接地线连接方式采用直角圆钢与接地体的圆钢双面焊接。

（3）接地体应尽量采购盘圆钢筋，减少焊接头数量；普通圆钢接地体采用电弧焊，铜覆钢接地体使用专用模具进行放热焊，焊接长度应满足规范及设计要求，圆钢搭接长度应不小于直径的 6 倍并双面施焊；扁钢搭接长度应不小于宽度的 2 倍并四面施焊。焊缝要平滑饱满，不得有焊渣、气泡等杂质。焊接完成冷却后敲掉焊渣，在焊接部位采用沥青涂刷防腐（见图 3–15），涂刷长度

图 3–15　接地体焊接及防腐处理

应不小于焊接点两侧各 10cm，焊接完成要绘制简图注明接地体焊点位置，便于后期检查。

（4）特高压交流工程接地体外露较高时，都需加装接地引下线固定装置，该装置需在基础浇筑时在基础中预留预埋件。施工项目部技术人员及施工人员应根据外露高度提前计算需要预埋的固定件的数量及位置，并采取可靠的固定措施，防止浇筑过程中预埋件发生位移。

（5）施工过程中施工项目部应落实安全文明施工相关要求，基础施工完成后及时清理施工现场，做到"工完、料净、场地清"，回填后的接地沟应按要求制作防沉层，防沉层高度不少于300mm，宽出开挖宽度两边各100mm。

（6）接地施工完成后，应逐基对接地电阻进行测量并记录，测量结果乘以季节系数不得大于工频电阻要求值。不满足要求的应查明原因后采取措施，并重新测量接地电阻，以保证接地电阻质量，测量时应将接地装置与避雷线断开（即接地引下线与杆塔断开）；应避免在雨后立即测量电阻。

3.5 架线施工

架线工程是线路工程施工的主体工程，也是施工难度最大、质量管控点最多、风险点最多、工艺最复杂、涉及工机具种类最多的一项分部工程，特高压交流工程架线施工多采用 2×一牵四（是指用 2 台牵引机配合 4 台 2 线张力机，构成 2 套"一牵四"

牵张系统，同步展放同相 8 根子导线的工艺方法）施工方法，该施工方法较为成熟，架线施工阶段最大的风险集中在重要跨越施工。架线工程包括的分项工程有：① 导线、避雷线及 OPGW 展放；② 导线、避雷线连接管；③ 紧线；④ 附件安装；⑤ 交叉跨越。此处主要介绍架线施工过程中常见问题及其预控措施。

3.5.1 导线、避雷线及 OPGW 展放

3.5.1.1 常见问题

（1）未按要求履行分部工程开工手续。

（2）导线、避雷线及 OPGW 磨损，导线松股（见图 3-16）。

图 3-16 导线有损伤

（3）架线施工过程中全过程监控不到位,缺乏走板监控有效

手段。

3.5.1.2 预控措施

（1）架线施工前应完成《架线施工方案》《导地线压接施工方案》等施工方案编写，并完成报审工作；进场的工机具应合格、有效，已完成报审工作；分包合同已签订完成，并向业主、监理备案，进场人员安全教育培训及交底工作已完成，特殊工种人员已完成报审工作；架线材料开箱验收工作已完成，架线材料满足施工及相关文件要求。施工项目部应依照国家电网有限公司分部工程开工要求，切实做好各项工作，监理项目部、业主项目部应加强监督管理工作。

（2）导线、避雷线、OPGW磨损及导线松股预控措施。

1）装卸和运输导地线线轴时应轻装轻放，不得碰撞、损坏轴套、轴幅。线轴的护板应保持完整。放线时应保证线轴出线与张力机进线导向轮在一条直线上，导线不得与线轴边沿摩擦。换线轴时，应防止导线与张力机、线轴架的硬、锐部件接触。

2）余线回盘时，若连接网套被盘进线轴，应在连接网套和其他导线间垫一层隔离物。张力机前、后的压接和更换线轴时地面必须采取保护措施，禁止导线直接与地面接触。

3）完成牵张放线作业、各子导线临锚后，子导线驰度应相互错位，防止子导线鞭击。卡线器不得在导线上滑动，卡线器后侧导线应套橡胶管保护。

4）导线落地操作场必须有足够的毡布等软质物隔离保护措施，导线不得与地面接触。同时应设专人监护导线，防止导线遭受车压、人踩或机具损伤。导线与临锚线等工具接触处应加胶垫等保护物，导线落地操作场设专人监护导线，防止导线遭受车压、人踩或机具损伤。

5）保持指挥通信系统正常工作，加强施工监护，预防导线跳槽、交叉跨越磨损导线。放线过程中，张力机应操作平稳，保持导线间的张力平衡，以防导线跳槽、牵引板翻转。

6）减少鞭击带来的危害，应尽量缩短"放线—紧线—附件"各施工工序的时间间隔，减少导线在滑车中停留时间。

7）安装附件及间隔棒时，应对导线做全面检查，将导线上的全部问题处理完毕，重点是打光导线上未处理的局部轻微伤，特别注意线夹两侧、临锚点等处。附件时，必须用记号笔划印，严禁用钳子、扳手等硬物在导线上划印。传递附件应用软质绳，传递的工具和材料不得碰撞导线。

8）不得用工具、硬物敲击导线，必要时可用专用木锤、橡皮锤敲打。施工人员不得穿硬底鞋、带钉鞋上线作业。

（3）架线施工过程管控预控措施。

1）架线施工过程中应在各转角塔、重要跨越点、行人通行的一般道路等处布设监护人员，防止导线落地伤人，各处监护人员应配备对讲机，保持信息交互通畅。

2）使用视频监控系统，加强现场指挥人员对现场各重要部位的信息掌控，同时加装走板监控系统，对走板状态实现实时监控（见图 3-17）。

图 3-17 安装走板视频监控

3.5.2 跨越公路、铁路、航道作业

3.5.2.1 常见问题

（1）跨越架架体搭设采用木、竹等稳定性差的材料。

（2）跨越架搭设不满足电力建设安全工作规程等相关文件要求。

3.5.2.2 预控措施

（1）跨越架搭设应选用钢管跨越架或组合格构架，见图 3-18（a）、图 3-18（b）。

（2）跨越架搭设、拆除应满足以下要求：① 跨越电力线路施工前，严格认真进行技术交底，组织施工人员学习安全规程和

(a)

(b)

图 3-18 跨越架和组合格构架
（a）钢管跨越架；（b）组合格构架

本作业指导书，凡是使用此方案进行跨越施工的人员均应严格遵照执行。施工时现场设立总指挥和安全监护人；② 钢管跨越架宜选用外径 48～51mm 的钢管，钢管立杆底部应设置金属底座或枕木，并设置扫地杆。跨越架两端及每隔 6～7 根立杆应设剪刀撑杆、支杆或拉线，确保跨越架整体结构的稳定。跨越架强度应足够承受牵张过程中断线的冲击力。跨越架的立杆、大横杆及小横杆的间距不得大于安规规定要求。跨越架搭设完应打临时拉线，拉线与地面夹角不得大于 60°。应悬挂醒目的安全警告标志和搭设、验收标志牌；③ 跨越手续办理完毕，跨越架搭设完成并经验收合格，跨越架与被跨越物距离应满足表 3-8 要求；④ 强风、暴雨过后应对跨越架进行检查，确认合格后方可使用；⑤ 拆跨越架时应自上而下逐根进行，架片、架杆应有人传递或绳索吊送，不得抛扔，严禁将跨越架整体推倒。当拆跨越架的撑杆时，需要在原撑杆的位置绑手溜绳，避免因撑杆撤掉后跨越架整片倒落。拆除跨越架时应保留最下层的撑杆，待横杆都拆除后，利用支撑杆放倒立杆，做好现场安全监护。

表 3-8　　跨越架与被跨越物的最小安全距离

被跨物名称	一般铁路	一般公路	高速公路
最小水平距离（m）	至铁路轨道：2.5	至路边：0.6	至路基（防护栏）：2.5
至封顶杆垂直距离（m）	至轨顶：6.5	至路面：5.5	至路面：8

3.5.3　跨越电力线

3.5.3.1　常见问题

（1）施工方案未审批或方案与现场的施工情况不符。

（2）停电跨越的电力线路施工前未进行验电。

3.5.3.2　预控措施

（1）对于 35kV 以上电力线路，跨越前应编制详细的施工方案，方案中采用的跨越施工方式应与现场实际情况一致，根据公司技术管理规定，经审核、批准后，按流程报审完成后方可施工。对于带电线路跨越施工中应尽量采用停电跨越，降低施工风险。

（2）施工现场负责人在接到电力线已停电的指令后，应先安排人员对已停电线路进行验电，确认线路无电后再操作。确认线路无电后，在被跨铁塔上挂临时接地线，挂接地线时要先挂接地端，后接导线、地线端，接地线连接应可靠，不得缠绕。拆除时的顺序与此相反。

3.5.4　导地线压接

3.5.4.1　常见问题

（1）导地线压接试件未进行报审。

（2）导线松股。

（3）压接后尺寸不满足规范要求。

（4）压接管弯曲。

（5）压接管表面质量不满足规范要求。

（6）耐张管压接完，铝管与钢锚距离过大或过小。

（7）钢芯未插到钢锚底部。

3.5.4.2 预控措施

（1）导地线压接施工前应先制作导地线连接试验，并送至合格试验室进行拉力试验，试验合格并经报审后，方可开始施工压接，试件不少于3组，其试验握着强度不得小于导线或地线设计使用拉断力的95%。架线施工过程中监理单位应做好相关资料审查工作。

（2）导线松股预控措施：① 进场的导线应妥善存放，线轴存放的地点应平整，滚动线轴的旋转方向应与导线的卷绕方向相同，以免线层松散；② 压接处导线尽量采用剥线器切割导线，尽量不使用手锯切割导线，同时应在切割处两侧绑扎多层电力胶布，防止散股；③ 加强压接培训，持证上岗导地线的压接部分不应有明显的松股，且端部应绑扎牢固；④ 加强现场监督检查工作，对压接后出现松股的区域应及时处理，处理后不满足要求的应断开重压。

（3）压接后尺寸控制预控措施：① 压接前应确保压接设备合格，确保压接模具、金具使用无误，操作人员应持有合格有效的压接证件，并已完成作业交底；② 施工前，施工项目部技术人员应组织施工操作人员进行培训，并对该工程用的导地线、压

接管及配套的压接模具进行检验性压接试验；③ 现场作业过程中应有严格按照施工作业指导书要求进行，用精度不低于0.1mm的游标卡尺测量压接后尺寸，其对边距最大值不应超过尺寸推荐值，并记录测量数据。

（4）压接管弯曲预控措施：① 压接管压接后应检查弯曲度，不得超过 2%L，超过 2%L 尚可校直时应校直。校直后如有裂纹应割断重接。② 经过滑车的接续管应使用与接续管相匹配的钢护套进行保护。当接续管通过滑车时，应提前通知牵引机减速。③ 对于超过 30° 的转角塔、垂直档距较大、相邻档高差大的直线塔，要合理设置双放线滑车。

（5）压接管表面质量控制预控措施：① 铝件的电气接触面应平整、光洁，不允许有毛刺或超过板厚极限偏差的碰伤、划伤、凹坑及压痕等缺陷。热镀锌钢件，镀锌完好不得有掉锌皮现象，压接管压后应去除飞边并用砂纸打磨光滑，钢管压后应涂防锈漆。铝管管口涂红漆。② 压接后应按要求在指定部位（线夹管口、接续管牵引侧管口）打上操作者编号钢印作为永久标记。

（6）正式压接前应进行试压，确定铝管与钢锚之间预留间距，确保压接完成后铝管与钢锚不顶模。

（7）钢锚孔深应使用游标卡尺进行测量，并将长度划印在钢芯上。插入钢锚后应复查，压接过程中导线应顺直扶稳，不得扭曲、硬拽。

3.5.5 导线、避雷线及 OPGW 紧线

3.5.5.1 常见问题

（1）导线、避雷线及 OPGW 弧垂不满足施工质量验收规范要求。

（2）同相子导线间弧垂偏差不满足施工质量验收规范要求。

3.5.5.2 预控措施

（1）导线、避雷线及 OPGW 弧垂控制措施。① 避免在较恶劣的天气紧线。观测档位置分布比较均匀，相邻两观测档相距不宜超过 4 个线档。观测档具有代表性，如较高悬挂点的前后两侧、相邻紧线段的接合处、重要被跨越物附近应设观测档。宜选档距较大、悬挂点高差较小的线档作观测档。不宜选邻近转角塔的线档作观测档。② 紧线施工时，应以各观测档和紧线场温度的平均值为观测温度，收紧导地线，调整距紧线场最远的观测档的弧垂，使其合格或略小于要求弧垂；放松导线，调整距紧线场次远的观测档的弧垂，使其合格或略大于要求弧垂；再收紧，使较近的观测档合格，以此类推，直至全部观测档调整完毕。③ 弧垂调整发生困难，各观测档不能统一时，应检查观测数据；发生紊乱时，应放松导线，暂停一段时间后重新调整。滑车悬挂高度对弧垂的影响，在弧垂调整中消除。④ 附件完成后应对弧垂值进行复测，对查出不满足要求的弧垂应查找原因，并及时调整。

（2）同相子导线间弧垂偏差控制措施。① 放线滑车使用前要检查保养，保证转动灵活，消除其对子导线弧垂的影响。② 同相子导线用经纬仪统一操平，并利用测站尽量多检查一些非观测档的子导线弧垂情况。③ 同一观测档同相子导线应同为收紧调整或同为放松调整，否则可能造成非观测档子导线弧垂不平。④ 耐张塔平衡挂线时，划印及断线位置应标示清楚、准确。

3.5.6 导线、避雷线及 OPGW 附件安装

3.5.6.1 常见问题

（1）开口销及弹簧销、螺栓等工艺不统一。

（2）悬垂绝缘子串倾斜。

（3）防震锤、间隔棒安装间距偏差过大，间隔棒安装不顺直。

（4）绝缘避雷线放电间隙。

3.5.6.2 预控措施

（1）开口销及弹簧销、螺栓等工艺不统一预控措施。① 施工前施工项目部应制定相关工艺要求，并进行交底，实行样板引路。② 金具销的安装应符合 Q/GDW 1153—2012《1000kV 架空送电线路施工及验收规范》要求，业主（或运行）单位提出具体要求时，应按业主（或运行）单位要求执行。③ 开口销不得漏装，开口销开口角度为 90° 且应向两侧对称开口。④ 绝缘子串上的各种螺栓、穿钉及弹簧销子，除有固定的穿向外，其余穿向应统一。

（2）悬垂绝缘子串倾斜、损坏预控措施。

1）合成绝缘子串附件安装时，应使用专用工具，上下绝缘子应采用软梯（见图3-19），禁止踩踏合成绝缘子。

图 3-19　使用软梯上下绝缘子

2）悬垂线夹安装后，绝缘子串应垂直地平面，其顺线路方向与垂直位置最大偏移值不应超过200mm（高山大岭300mm）。安装附件时应使用合格的提线器，确认所画印记无误后方可施工，对于山区段附件，应根据设计单位出具的"连续倾斜档架线弧垂修正及悬垂线夹位置调整表"调整线夹位置，设计单位未出具的应根据现场实际情况咨询设计单位是否需要调整线夹位置。

（3）防抗锤、间隔棒安装质量预控措施。① 施工前施工负责人应向作业人员明确质量控制要点，同时做好现场质量监督工作。② 防振锤安装距离要符合设计要求，安装时应依据设计要

求实测安装距离；间隔棒安装位置的确定用全站仪地面测量定位。间隔棒平面应垂直于导线，六相导线间隔棒的安装位置应符合设计要求。③ 杆塔两侧第一个间隔棒安装距离偏差不应大于次档距的±1.2%，其余不应大于±2.4%。

（4）绝缘避雷线放电间隙预控措施。

1）绝缘架空地线放电间隙的安装，应使用专用模具，控制误差不超出±2mm。

2）地线与变电站架构连接处，应加装绝缘子，并在连接线上设置便于站内接地电阻检测的断开点。

3.5.7　跳线制作

3.5.7.1　常见问题

（1）跳线工艺不美观。

（2）跳线对塔身间距不满足设计要求。

3.5.7.2　预控措施

（1）跳线器材运输和装卸要防止碰撞变形，运到安装现场安装前方可拆除包装。鼠笼式跳线应严格按照设计文件和安装说明书进行安装。跳线安装采用高空模拟比量法。引流线使用未经牵引过的原始状态导线制作，使原弯曲方向与安装后的弯曲方向相一致，以利外形美观。任何气象条件下，跳线均不得与金具相摩擦、碰撞。若跳线与导线或金具摩擦，安装防摩擦金具。

（2）两端的柔性引流线应呈近似悬链线状自然下垂，其

对杆塔的电气间隙应符合规程规定。跳线制作完成后应立即测量跳线与塔身间距，对间距不满足设计要求的应复核施工是否与图纸相符，确认施工无误后应与设计单位沟通查找原因，并制定解决方案。

3.5.8 OPGW 接线盒及引线安装

3.5.8.1 常见问题

（1）OPGW 引下位置与设计不符，引下工艺不统一。

（2）OPGW 余缆盘绕半径不满足设计及相关规范要求。

3.5.8.2 预控措施

（1）OPGW 引下位置应全线统一，引下应与设计相符，用夹具固定 OPGW 引下线，控制其走向，OPGW 的曲率半径不得小于设计及制造厂家的规定。夹具安装在铁塔主材内侧引下，安装时要保证 OPGW 顺直，间距为 1.5～2m。

（2）接头盒进出线要顺畅、圆滑，弯曲半径不得小于设计及制造厂家的规定，余缆架安装位置应满足设计文件要求。

3.6 线路防护施工

线路防护施工是电力线路施工的最后一项分部工程，主要施工内容包括基础护坡、跨越高塔航空标志、线路防护标志、排水沟、挡土墙。随着环水保工作要求越来越严格，线路防护施工工作也日渐被重视。

3.6.1 常见问题

（1）涉及山地施工的塔位，线路防护设计不满足环水保要求。

（2）护坡（堡坎）、挡土墙、排水沟、防洪提砌筑控制。

（3）基础保护帽质量不满足设计要求，工艺不美观。

3.6.2 预控措施

（1）基础图纸会审时应要求环水保监理参加，确保设计文件满足环水保验收相关要求，对于涉及山地施工的塔位应重点审核其挡土墙、排水沟等措施是否满足水保、环保要求。

（2）护坡（堡坎）、挡土墙、排水沟、防洪提砌筑预控措施

1）砌石材质应坚实，无风化剥落层或裂纹，石材表面无污垢、水锈等杂质，用于表面的石材，应色泽均匀。

2）杆塔基础应按照设计要求做好护坡和排水沟，靠近季节性河流和容易冲刷的杆塔基础要有相应的保护措施。

（3）基础保护制作预控措施如下：

1）保护帽浇筑前应检查地脚螺栓使用是否正确，紧固是否到位，踏脚板与基础面是否接触紧密，确认一切满足要求后方可开始保护帽制作施工。

2）保护帽宜采用专用模板现场浇筑，推荐使用商品混凝土浇制，如采用自拌混凝土浇筑时，应有合格试验室出具的配合比，使用的原材料应经检验合格。严禁采用砂浆或其他方式制作。混

凝土应一次浇筑成型，杜绝二次抹面。

3）保护帽工艺应全线统一，一般圆柱基础采用圆形保护帽；方形基础采用方形保护帽，保护帽顶面应适度放坡，混凝土初凝前进行压实收光，确保顶面平整光洁（见图3-20）。

图3-20 保护帽成品

4）保护帽拆模时应保证其表面及棱角不损坏，塔腿及基础顶面的混凝土浆要及时清理干净。保护帽应按要求进行养护。

3.7 碳纤维导线施工

碳纤维导线全名为碳纤维复合芯铝绞线（Aluminum Comductor Composite Core，ACCC），该导线从本世纪初开始运用至今只有较短的十多年。碳纤维导线具有强度高、重量轻、弹性模量高、线膨胀系数小、弧垂小、线损小、载流量大（允许温度高）、耐腐蚀、使用寿命长等特点。特别适合于滨海、矿山地区腐蚀强度大、污秽强度高、导线易舞动的使用环境。

因原有输电线路输送能力已不能满足负荷的快速增长，需更换为截面较大、载流量大的导线或新建专线。拆除旧有线路、改造杆塔再架设新导线的传统方法成本高，工期长，或原有线路通道下征地困难，导致新架线路将无法使用原有线路通道，给电网规划和建设带来困难，一定程度上提高了工程造价并延长了建设周期；线路架设过程中的长时间停电，也影响了电网的供电可靠性和设备可用系数。故，碳纤维导线可以有效利用原有线路通道又能最大程度减少杆塔改造，同时还能大幅提高线路输送能力的工程施工方法。

3.7.1 常见问题

（1）到货验收发现导线表面存在起毛刺问题，部分导线由于厂家生产加工过程中工艺存在瑕疵，导致出厂时导线就出现断股（见图3-21）。

图3-21 碳纤维导线表面毛刺照片

（2）在架线施工过程中出现导线磨损、"灯笼"、鼓包现象（见图3－22）。

图3－22　碳纤维导线跑股、松股

3.7.2　预控措施

（1）施工时物资到货后应与监理人员逐盘进行验收，并做好到货验收记录；施工时现场物资到货后应逐盘进行验收导线表面质量，跨越段施工时需派专人盯守放线设备，做到实时监督导线质量问题，一经发现立即停止放线更换不合格导线。

（2）在架线施工过程中出现导线磨损、"灯笼"、鼓包现象预控措施。

1）从严初设审查，尤其是增容项目，必须要有详细的导线比选方案。慎重选用碳纤维导线。对确定使用碳纤维导线的工程，了解设计单位所提供的碳纤维导线的定位温度以及最高允许温度，了解对应的导线弧垂特性，以及导线连接器选用方式等。

2）因各个导线厂家的产品在加工过程中的技术指标不一样，会导致成品导线的绞制松紧程度不一样，在作业前应进行厂家技术交底，严格按照厂家的作业要求展放收紧导线。

3）在紧线挂线的施工过程中应使用专用预绞式耐张工具，减少拉头和卡线器的使用，避免出现应力集中的现象。

4）大耐张段施工过程中，在紧线画印前，在满足耐张段线长的情况下，应将紧线侧导线余线开断后再紧线，使"蠕变伸长"的铝线尽可能在开断处跑掉。

5）严格执行 Q/GDW 10388—2017《碳纤维复合芯架空输线施工工艺及验收导则》，掌握施工单位的压接工艺，抽查压接质量，做好中间环节及竣工环节验收，把好验收关。

第 4 章

大 件 运 输

4.1 卸船装车—桅杆吊卸船装车作业

4.1.1 船舶靠岸

4.1.1.1 常见问题

（1）运输船舶集中到港，码头前沿无法靠泊，运输车组不能及时接货。

（2）船舶到港后泊位被占，船舶无法正常靠泊。

（3）卸船受天气和海浪等自然条件影响。

（4）船舶仓口小，吊装的风险性加大。

4.1.1.2 预控措施

（1）运输船舶集中到港，码头前沿无法靠泊，运输车组不能及时接货问题预控措施。

1）定期组织召开前期进度计划会议，与物资部、厂家、运输单位、现场安装单位沟通，根据现场进度和运载运输能力安排，

排定生产和发货计划，避免集中到货，保证持续到货。

2）加强预控，一旦出现集中到货的情况，协调港口的停靠位置，有序卸船，并启用后备方案，增加运输车辆车组和人员，不造成积压。

（2）船舶到港后泊位被占，船舶无法正常靠泊问题预控措施。

1）大件设备到港前一周，每天跟踪设备到港时间。

2）跟港口单位提前沟通、协调、办理手续，避免无泊位。

3）如果港口因紧急事件临时靠泊其他船只，就近协调泊位停靠。

（3）卸船受天气和海浪等自然条件影响预控措施。

1）大件设备到港前一周，根据设备预计到港时间，跟踪天气和海浪情况。

2）卸船时，提前做好各项卸船准备，根据天气预报和港口潮汐表，选择风力较小、涌浪较小的时间段进行作业。

3）如在船舶到达前，预见恶劣天气，与物资部、厂家、一程运输单位保持密切沟通，在时间允许的情况下，提前规避。

4）如卸船时遇到海上风浪大，启用船舶加压仓，调整船舶重心，紧靠岸边，减小船体晃动幅度。若船体摇晃始终剧烈应停止作业，等待风浪平缓，再行作业。

（4）船舶仓口小，吊装的风险性加大问题预控措施。

1）船舶仓口小，吊装受天气和海浪等自然条件的影响就会变大。

2）提前与一程运输单位沟通，为了吊装安全，避免选用船舶仓口较小的船舶进行运输。

4.1.2 货物交接

4.1.2.1 常见问题

（1）货物散件遗落。

（2）氮气气压不足。

（3）重装记录仪记录超标。

4.1.2.2 预控措施

（1）接货单位要检查货物的数量、外观、包装情况，并进行记录。

（2）接货单位要检查氮气表情况，如发现备氮气压力不足，应通知物资部及设备厂家及时补充氮气。

（3）接货单位要检查冲撞记录仪的数据，如超出规定标准，

应通知物资部及设备厂家前往查明原因，必要时进行维修。

4.1.3 吊装过程

4.1.3.1 常见问题

（1）起吊过程不平稳。

（2）起吊物落至板车时受到冲击。

4.1.3.2 预控措施

（1）起吊过程不平稳预控措施。

1）捆绑点或捆绑位置应选择设备吊装点，对于有吊耳的设备，捆绑绳索必须固定在吊耳上。

2）设备必须经过捆绑加固后方可起运，捆绑折弯部位采用胶皮（或包角）衬垫，以避免损伤设备表面或者设备包装面。

（2）起吊物落至板车时受到冲击预控措施。

1）吊装前车板上，用胶皮铺垫车板表面，设备不得与车辆承载台面直接接触。

2）设备起吊后，调整设备方位与车板平行，并在静止状态下确认设备姿态。

3）设备缓缓移至车板正上方，缓缓落在车板上。落入过程必须缓慢进行，同时设备四周及底部均安排人员监视距离，间距太小或太大时及时通过对讲机向现场总指挥汇报，由其统一指挥吊机进行调整（见图4-1）。

图 4-1　货物吊装

4）设备落稳后，缓慢起升轴线车，在此期间，控制员通过压力表查看车板各支点的液压压力是否均衡，承重稳定且各点液压均衡后将轴线车制动。

4.2　陆路运输—桥式车组运输作业

4.2.1　大件运输手续

4.2.1.1　常见问题

大件运输手续办理不及时。

4.2.1.2　预控措施

（1）提前根据到货计划与交通路政部门进行协调办理各种手续，提高运输时效性。

（2）根据要求，提前登报公示运输时间。

（3）实际运输前，联系交警路政，协商护送相关事宜。

4.2.2　运输途中

4.2.2.1　常见问题

（1）行车途中遇到特殊路段（如驼峰路段或低洼路段等）。

（2）车辆行进途中遇软性线障。

（3）车辆行进途中遇硬性空障。

（4）运输途中捆扎松动。

（5）运输过程临时或夜间停车

（6）行驶途中发生车组故障，产生道路安全隐患，造成车道拥堵。

（7）运输途中天气突变降雨降雪造成路滑结冰，影响行车安全。

（8）运输途中遇到道路施工使车辆无法通行。

（9）运输途中遇集市或重大集会造成道路堵塞。

（10）运输途中突发交通事故。

4.2.2.2　预控措施

（1）行车途中遇到特殊路段（如驼峰路段或低洼路段等）预控措施。

1）在编制施工方案时，通过对全程路径的勘察和测试，制定运输措施。

2）在模拟运输阶段，运输等重物资时，重点关注这些特殊路段存在问题，制定如何解决的措施。

3）实际运输过程中，借鉴模拟运输中的经验，从人员、组织、机械、材料等方面提早采取应对措施，必要时实行交通管制（见图4-2）。

图4-2　车辆通过驼峰路段

（2）车辆行进途中遇软性线障预控措施。

1）在编制施工方案时，通过对全程路径的勘察和测试，制定严格的软性线障排障方案。

2）实际运输时，引路车提前报告软性线障的情况，包括线障的性质、当前状态及高度等情况。

3）通过前，排障人员使用木质撑杆将软性线障顶起，顶起高度超过变压器顶部并留有余量。

4）顶线杆摆放在车上时必须放置在指定位置，摆放稳牢（见图4-3）。

图4-3　车辆通过软性障碍

（3）车辆行进途中遇硬性空障预控措施。

1）在编制施工方案时，通过对全程路径的勘察和测试，制定严格的通过硬性空障的作业方案。

2）提前采取交通管制，防止发生交通事故。

3）实际运输时，引路车提前向驾驶员通报空中障碍的情况，包括障碍的性质、当前状态、高度及周围环境等情况。

4）运输总指挥根据当前情况，依据既定方案，指挥停车，降低轴线车高度，且保证顶部和底面留有足够的通过余量，调整过程中监护人员必须时刻报告车组四个角点的情况,确保安全。

5)通过时,车辆缓慢通行,监护人员及时报告变压器顶部和空障底部、变压器底部和路面的距离,发现问题应立即向运输总指挥报告,以便及时采取补救措施,确保设备安全通过(见图4-4)。

图4-4 运输车辆通过硬性空障

(4)运输途中捆扎松动预控措施。

1)运输途中,严格按照质量管理规定的有关要求,按照规定的里程间隔停车检查捆绑固定情况,发现问题及时解决。

2)运输过程中,万一因客观原因导致捆扎松动、货物移位的情况下,由随车的质量监控人员及专家认真分析松动的原因,重新制定切实可行的加固方案。

3)在路政、交警的协调下,将车货移至较宽的道路一侧,利用备用的液压起重设备对移动的变压器进行归位,重新进行绑扎加固,使其符合运输要求。

(5)运输过程临时或夜间停车预控措施。

1)停车位置必须选择平直开阔道路,要保证能够会车。

2)停车完成后,在平板车大梁下放置道木,避免平板车轮胎长时间受力,在平板车轮胎下每间隔3轴放置三角木,防止车辆滑动。

3)在运输车组四周安置安全锥筒,并拉上安全警戒线,安排专人轮班值守。

(6)行驶途中发生车组故障,产生道路安全隐患,造成车道拥堵预控措施。

1)在运输前通知备用车辆及维修人员待命。

2)如在途中运输车辆出现故障,尽量选择平直开阔地带停车;在平板车轮胎下每间隔3轴放置三角木,防止车辆滑动;在运输车组四周安置安全锥筒,并拉上安全警戒线;立即安排维修技术人员进行维修。

3)如确定无法维修,及时调用备用车辆,保证在最短时间内运抵指定地点。

(7)运输途中天气突变降雨降雪造成路滑结冰,影响行车安全预控措施。

1）提前了解天气情况，做好应急准备，及时对货物进行遮盖并对车辆采取防滑措施。

2）运输途中，引路车提前在行进车道铺洒融雪剂或碎沙石。

3）如路况和天气条件十分恶劣，选择平直开阔地带停车并做好停车防护。

（8）运输途中遇到道路施工使车辆无法通行预控措施。

1）设备起运前一周，与路政等相关部门落实运输经过道路的整修计划。

2）提前对设备运输经过的路线进行反复勘察，确定主要运输路线和应急备选路线，并在设备起运前一天再次确认道路状况，掌握运输路线路况变化的详细资料。

3）如遇道路紧急施工，应协调内外部资源，及时提出运输路线整改方案，在施工部门配合下在最短的时间内完成对施工道路整改，确保设备运输顺利通行。如无法通过紧急整改实现通行，采用应急备选路线（见图4-5）。

（9）运输途中遇集市或重大集会造成道路堵塞预控措施。

1）运输途径乡镇、村庄时，要提前考虑定期集市等对运输的影响。

2）如遇定期集市或重大集会，应建议改变运输时间计划，或者寻求新的通行路线，保证顺利通过。

3）如遇突发集会，服从当地交通主管部门的协调指挥，加强交通管制。

图4-5 道路临时施工

（10）运输途中突发交通事故预控措施。

1）在运输车辆发生交通事故时，及时保护事故现场，并上报业主及保险公司，汇报情况。

2）积极协调交警主管部门处理，必要时，协调交警主管部门在做好记录的前提下"先放行后处理"。

4.3 卸车就位—站内起重吊卸及设备推进

4.3.1 常见问题

（1）现场运输条件的局限性。

（2）人员到岗到位的协调，现场进场的手续办理。

（3）站内带电作业，人员的自身安全和就位过程设备的安全。

（4）就位过程突发机械故障，影响就位安全，延误就位时间。

（5）就位顶升途中注意事项。

（6）设备推进过程造成设备表面油漆受损。

4.3.2 预控措施

（1）提前研究设计图纸，根据图纸计算转弯半径和进行车组的选择；现场踏勘，随时了解现场施工进度，分析现场影响大件运输的因素；沟通或协调现场施工单位或自己制定方案进行改善运输条件（见图 4-6）。

图 4-6　站内转弯（二）

（2）根据到货计划和协调后的运输计划，提前通知业主、监理人员到场；提前安排专人办理进入现场的手续。

（3）卸车前，所有参与运输人员召开卸车前安全会议，进行技术交底和安排培训（见图 4-7）；由现场总指挥统一指挥，合理分工，有序卸车；严格按照既定的卸车方案，进行卸车作业施工。

（4）在施工前，要进行各种施工机具检查，确保施工机具处于正常状态；在工地现场装卸货时，如果作业机械或工具出现突发故障，立即组织维修人员抢修；如果不具备维修条件或者无法维修，调用备用机械和工具，恢复正常作业。

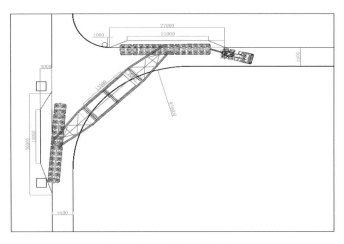

图 4-6　站内转弯（一）

图 4-7 卸车前安全会议

（5）道木墩要"井"字型搭建，确保道木墩平整、牢固可靠；使用千斤顶升降变压器时应逐头进行，控制变压器两端头高差在75mm 内，并注意下沉量，做好对平板车的保护措施；千斤顶下方必须放置大垫铁，增加承力面积，防止顶下突然塌陷；千斤顶同时使用时应保持基本同步升降；千斤顶与设备下顶专用位置接触处放入橡胶垫或硬纸板防滑，且保证千斤顶放置不歪斜，千斤顶圆周侧面与设备本体间保持一定的距离；千斤顶必须放置在变压器专用顶升位置处，变压器其他位置均不能进行顶升作业。

（6）变压器顶推和顶升过程中，专人统一指挥；推杆头与变压器之间垫放 30mm 厚薄木板，防止推移过程中碰掉变压器油漆；利用吊车轴、插钢轨的过程中，设专人监护，防止碰到变压器及其他设备。